JN061598

核問題の
隠された
真実

ヒロシマから
六ヶ所まで

小川 進 著
SUSUMU OGAWA

はじめに

　プルトニウム工場からの排出が始まると、川はあっという間に汚染された。1949 年から 51 年、川の水の 20％が工場の廃棄物を含んでいた。川は 320 万キューリーの放射能の化学物質の汚染を受けた。この途方もない量と沼地の条件が、放射能の風景を作り出した。……

　これは驚くべき事実だった。このレベルでは、1 週間以内で一生分の外部被曝をすることになる。科学者は、村人が池や川の水を飲料水、料理、ふろ、作物、家畜の水として使い、放射性廃棄物を摂取していたことを知り、衝撃を受けた。……村人の体も放射能探知機の針を揺らした。隔離するほどの放射線源になっていた（Brown, 2013）。

　ウラルの核惨事は、1957 年 9 月 29 日午後 4 時 20 分、ソ連ウラル地方チェラビンスク州マヤーク軍事施設で発生した。原子爆弾用プルトニウムを生産する原子炉 5 基と再処理施設からなり、1948 年に建設された。2000 万キューリーの放射性同位体が大気中に排出され、1 億 2000 万キューリーの同位体が水域に排出された。史上最大の再処理工場の事故である。最終的に、村は 12 万 4000 人の村人とともに完全に消えてしまった。にもかかわらず、この事故はほとんど触れられてこなかった。事故は、冷却水停止により、放射性廃棄物タンクの温度上昇で、突然起きた。放射能汚染は、秘密基地から北東 300km におよび、死の灰が累積し、人々が死に絶えた。この基地は戦後、スターリン体制下で鉄条網の中で囚人と流刑囚によりプルトニウム型

原爆を生産する目的で建設され、「労働者の天国」として宣伝された。黒パン一切れで、酷使された囚人たちは消えていった。

1993年4月28日、青森県六ヶ所村に再処理工場の建設が着工した。ウラン濃縮工場、低レベル放射性廃棄物埋設センター、高レベル放射性廃棄物貯蔵管理センターが併設されている。2001年4月20日、通水試験開始。2002年11月1日、化学試験開始。2004年12月21日、ウラン試験開始。2006年3月31日、アクティブ試験が開始された。以後、トラブルが続き、本格操業のないままに操業開始は延期されている。再処理工場の構成は、塔類139基、槽類（タンク）1146基、その他65基であり、配管延長が1300kmである。大部分がタンクである。本格操業が停止されている現在、タンクに放射能が約3000トン貯蔵されている状態である。主に排出される放射能として、大気中に、クリプトン85、トリチウム、炭素14、ヨウ素129（半減期1570万年）、ヨウ素131、太平洋に、トリチウム、ヨウ素129、ヨウ素131が申請されている。

環境モニタリングによれば、2022年、年間180回の放射能の放出が認められ、バックグランドの10倍の強度であり、青森県全体の空間線量が明らかに上昇した。隣接県の岩手県、秋田県にまで汚染は広がっている。地質図から推定される、汚染された地下水流は、東西に敷地中央で分岐し、それぞれ、太平洋と陸奥湾に流出する。

六ヶ所村では核燃料サイクルの核コンビナートの建設が開始された後、1995年にフランスのラアーグから高レベルガラス固化体の返還が始まった。さらに2005年、東通原発稼働が開始された。現在、本格操業はされていないが、放射能漏洩を窺わせる線量の上昇が認められる。

青森県のがん死は都道府県別では常に最下位であった。とこ

4

ろが、1995年から、突然、状況が変化した。白血病は、全国3位（2000年）、4位（2001年）、2位（2005年）、3位（2017年）となり、ランク上位の頻度では広島、長崎の中間である。悪性リンパ腫は、4位（1997年）、5位（2002年）、5位(2007年)、4位（2018年）となり、広島、長崎に次いでいる。子宮がんも非常に高いランキングを示している。特に、化学試験（2002年）、ウラン試験（2004年）、東通原発稼働（2005年）、アクティブ試験（2006年）との関係を示唆している。

　操業がないので、住民は安心しきっているが、放射能汚染は、環境モニタリングにもがん死統計にも明示されるほどの影響を示している。汚染は、離接する岩手県にも及んでいる。

　本書は、再処理工場の危険性が全く提起されない現状に、きわめて悲観的な問題点を提起する。2022年7月2日、高レベル廃棄物貯蔵タンクの冷却水停止事故が発生した。タンク内には、高レベルの硝酸塩が大量に貯蔵され、あのウラルの核惨事同様の状況が発生したのである。ウラルの村は12万4000人の村人とともに完全に消えてしまったが、六ケ所村も、あるいは青森県もいずれ、地図と共に消える運命にあるのであろうか。本書はその隠された危険性について論じた。

　広島、チェルノブイリ、福島の核惨事には、共通する因子がある。汚染を決定づけたのは、雷雨の存在である。わずか、1時間の豪雨で、極めて強い汚染が残留した。汚染範囲は、雲の形状を反映した。また、チェルノブイリと福島では、天気図上に寒冷前線が存在した。寒冷前線はゆっくりと東に向かった。一方、原発から放出された放射能は、西に向かった。広島ではキノコ雲は東に向かい、黒い雨は西に向かった。この正反対の力の向きは、いかなる汚染を最終的にもたらしたのか。その解答を本書は与える。従来の大気拡散シミュレーションで計算で

きるのであろうか。はたして、SPEEDI は、本当に、福島で逃避する住民に正確な情報を与えられたのであろうか。最も汚染がひどかった時刻で、風速はゼロで、静穏状態であった。青森の六ヶ所村では、事故が起きると、等方的に汚染が広がり、遠く東京も危険であるとされている。しかし、六ヶ所村では、北風が吹かないのである。北風のない地域での事故で、どうして東京が汚染されるのであろうか。

　池江璃花子は、白血病になった。彼女の練習していた江戸川区は、都内でも汚染が深刻な地点であった。坂本龍一は、阿武隈の森林保全に精力を注いでいた。直腸がんとその転移の手術は 6 回に及び、ついに力尽きた。広島カープの北別府学は、鹿児島出身だが、広島で白血病になり、死去した。彼の生活した広島は原爆の被爆地だが、白血病は関係なかったのだろうか。京都大学原子炉実験所の瀬尾健は、チェルノブイリの調査の後、肺癌で死去した。他にも、チェルノブイリ調査に参加し、死亡した関係者は多い。現在の放射能の基準は本当に安全であるのだろうか。

　福島第一原発の放射能のトリチウムが海中に放出されるが、放流先には、トレンチ状の魚巣があり、食物連鎖があれば、1万倍もの濃縮が予想されるが、安全なのだろうか。漁民の直感が誤っているのか。青森の放射能放流を心配する漁民が誤っているのであろうか。

　これらは、放射能をめぐる科学的論争点である。リスクをめぐり、100 倍もの差がある。無知と断じる科学者が正しいのであろうか。本書は一石を投じるものである。

　かつて、日立鉱山は銅の精錬所から放出する亜硫酸ガスにより、周辺の農地と森林を破壊した。やがて、日露戦争勃発により、銅の生産は国策となり、赤沢銅山の 4 本の煙突は農民を苦

しめる。被害者農民の必死の抗議があったが、補償金でつぶされていった。農民が次々に去っていった。工場側の対策として、煙突の増設が試みられたが、失敗する。気象庁を巻き込んだ高煙突建設が提案された。高さ 150 mの高煙突である。当時、世界最高度の煙突であった。農業被害は 3 分の 1 に減少した。さらに、脱硫装置の建設で、被害は激減する。青森六ヶ所村の主排気筒は 150 mの高さである。これで、原燃は放射能が激減できると考えているようである。クリプトン 85、トリチウム、炭素 14、ヨウ素 129、ヨウ素 131 の希釈が期待されている。これ以上の放射能除去装置の建設は予定されてない。日立では稲が枯れ、森林が焼失したが、六ヶ所村では、ウラルの核惨事同様の廃村が待っているのであろう。

7. タンカーによる海面流出油火災……121

8. 森林火災延焼による 再処理工場への影響……127

9. 核燃裁判における反論書……135

1. 黒い雨

1.1. 原爆の誕生

　1945年8月6日8時15分、広島上空でB29はリトルボーイと呼ばれた原爆を投下した。同時に3機のB29が、航空測量、気象観測をそれぞれ行なった。続く、8月9日、長崎にプルトニウム型原爆ファットマンが投下された。不可能と言われた原爆が2つのタイプで開発され、成功した。身長188cm、体重85kgのルーズベルトを「ヤセ」、身長170cm、体重90kgのチャーチルを「デブ」（ファットマン）と呼んだともいわれる。ウラン235型の原爆は改良されて、小型化し、「ヤセ」は「チビ」（リトルボーイ）と名称変更がなされた。当時の探偵小説の「痩せた男」（D. Hammet, 1934）が根拠ともいわれている。容疑者が「ヤセ」「デブ」「チビ」と呼ばれている。同書は映画化され、人気を博した。

　ラザフォードは、ソディと共に放射性元素のトリウムが自然崩壊して、アルゴンに遷移していることを発見した（1903）。放射性元素は半減期という固有の時間で、半数が別の放射性元素に遷移する。その際、放出されるエネルギーが質量欠損に相当し、$E=mc^2$で換算される。アインシュタインの式である。この発見に触発され、1914年、H・G・ウェルズはSF小説『解放された世界』を発表する。そこで、原子エネルギーによる原子力エンジンと原子爆弾が出現した。フランス人の飛行士により3発の原爆がベルリンに戦闘機から投下される。最後

の原爆で戦闘機は爆破され、墜落する。この原爆と原子力のイメージがその後の世界を決定的にした。

　1938 年、マイトナーとフリッシュは、核分裂を発見した。ハンガリー出身のユダヤ人シラードには 2 人の独裁者に対する恐怖があった。ヒットラーとスターリンである。1930 年代に始まるスターリンの粛清は、1000 万人の逮捕に及び、支配下のハンガリーにおいても粛清は断行された。当時の原子物理学者にとって、原爆と原子力のイメージは H・G・ウェルズによって具体化され、連合国の航空機によるベルリンへの原爆投下と同時に、ドイツの開発により連合国に投下される可能性が現実であった。米国に亡命したユダヤ系ハンガリー人にとって、ドイツの開発の前に米国による原爆および原子力の開発は必然であった。シラードは直ちにアインシュタインにルーズベルトへの手紙を打診した。1939 年、アインシュタインとシラードはルーズベルトに原爆開発の手紙を書いた。

　1939 年 9 月 1 日、第 2 次大戦がはじまり、真珠湾攻撃を受け、ルーズベルトは大戦への参加を表明した。いうまでもなく、当時のドイツと日本の暗号は既に解読され、真珠湾攻撃は事前に察知されていた。1942 年、ルーズベルトはマンハッタン計画に着手する。特別予算により、議会に掛けずに 20 億ドルが計上された。このことがのちに、原爆の予算の成果として広島への投下につながっていく。当時、ドイツは物理学者ハイゼンベルクが原子力開発を担当し、35 万マルクの予算で、臨界量 10 〜 100kg と推定されるウラン型原爆はドイツの保有する 1000 トンのウラニウムでも製造不能と結論した。そこでハイゼンベルクは、ウラン原子炉こそ実現可能な本命と考え、遠心分離法とウラン・グラファイト原子炉により、原子力の実用化を目指した。中性子の減速材として重水を使用した（Rhodes, 1986）。

一方の日本でも原子力の開発が理化学研究所の仁科芳雄に陸軍から要請された（1941年、二号研究）。臨界量 10 ～ 60kgと推定されるウラン型原子爆弾は、「10% のウラン 235 で黄色火薬 18000 トン相当の爆弾」と予想された（1942年）。6 フッ化ウランのガスの熱拡散による濃縮法が選択された。当時のウラン保有量の 130kg と総予算 2000 万円（3 年間、現在の換算金額 650 億円）では製造不能という結論であったが、気体熱拡散法とサイクロトロンで、ウラン 235 の濃縮は開始された。

　その後、東京大空襲で、理研は焼失し、終了した（1945 年 4 月 13 日）。同時期に海軍から京大の荒勝文策研究室に原爆の製造依頼があった（1942 年、F 号研究）。メンバーには、京大の湯川秀樹、名大の坂田昌一、京大の岡田辰三らが参加し、当時の日本の頭脳が集められた。総予算 500 万円（現在の換算で 143 億円）、酸化ウラン 130kg を使ったが、実験レベルで終了した。ウランの精製・分離だけで当時の日本の総電力の 10 分の 1 相当を必要とした。ウランの濃縮には、遠心分離法が選択された（保阪、2015）。

　日本の物理学は、仁科が 1921 年、渡米し、ラザフォード、ボルン、ヒルベルト、ボーアに学び、最新の量子力学を身に着け、1928 年帰国し、理研に復帰する。理研を中心に湯川秀樹、朝永振一郎、坂田昌一、小林稔に量子力学を伝授して、一挙に世界水準の研究が始まった。1934 年、湯川は中間子仮説を世界に提起する最初の論文であった。わずか 6 年での快挙である。原爆でも、理論、実験の両面で英米に近づいていた。仁科は米国のローレンツから直接サイクロトロンの技術を受けて、理研にサイクロトロンを建設した。京大もまたサイクロトロンを建設した。しかし、ウランと電力だけは解決できず、原爆が開発できない重大な壁があった。やがて、原爆の開発研究は、都市

空爆により理研の研究施設も焼失し、終了する。マンハッタン計画の約300分の1の予算での原爆開発であった。

　この理研や京大には戦時下に、陸軍や海軍を通じて、最新の軍事情報がもたらされていた。しかし、中立国を経由した情報入手も戦時下ではもはや困難となっていた。そこで、独自の情報として、海外短波放送が受信されていた。荒勝研究室の村尾誠は、手作りの短波受信機により海外放送を聞いていた（柳田、1975）。

1.2. 戦時下の海外放送

　1945年8月7日、京大荒勝研究室の村尾誠は、ハワイ放送を受信し、広島に投下された新型爆弾が原子爆弾であること、TNT火薬20000トン、開発に20億ドルの予算を費やしたことをトルーマンの演説で知った。当時、海外短波放送の受信は禁じられていた。1944年サイパン陥落とともに、日本向けのプロパガンダの中波放送が日本語で、1945年4月23日より開始された。8月1日に「8月5日（日本時間8月6日）、特殊爆弾で広島を攻撃する。非戦闘員は広島から逃げろ」という内容が放送された。これには、日本放送協会が妨害の雑音を流していた（久保・中村・岩堀、1990）。同協会も海外向けプロパガンダ放送を行っていた。海外短波放送で日本に流されていた日本語放送にニューディリー放送があった。

　　昭和20年（1945年）ニューディリー放送（黒木、1992）
　　6月2日午後10時
　　「スチムソン委員会は、全会一致で日本への原子爆弾
　　投下を大統領に、ワシントン時間の6月1日午前9時、
　　勧告書を提出しました」

7月16日午後10時

「昨日、米国ニューメキシコ州アラモゴードで世界最初の原子核爆発の実験に成功致しました」

8月3日午前9時

「米軍は来る8月6日、原子爆弾投下第一号として広島を計画した模様です」

8月6日午前9時

「広島に原爆が8時15分に投下された」

8月7日午前6時

「米軍は来る8月9日に、広島につづいて長崎に原子爆弾を投下する予定であることを発表しております」

　ニューディリー放送は英国のBBC放送の日本語版である。原爆は、放送では原子爆弾、特殊爆弾、新型爆弾と表現されていた。当時、陸軍は東京都杉並区高井戸に特殊情報部を置き、あらゆる外国の通信放送を傍受していた。ラジオ放送と暗号文の解読であった。海軍もまた埼玉県新座市大和田で同様に外国情報を収集していた。高周波用の受信アンテナにより、ハワイからの電波も受信できた（松木・夜久、2012）。京大の短波放送受信が、手作りのラジオによるハワイ放送の受信であったが、当時、短波受信機を所有しているだけで逮捕された。日本放送協会では、カナダ国籍のテディ古本による英語の海外向けの短波放送が送信されていたが、彼は暗号によって米兵の収容所位置を米軍に知らせていた。このため、米兵捕虜は米軍の爆撃から免れていた。日本放送協会の現役アナウンサーがスパイ行為を堂々と行っていたのである。彼はまた自宅で、短波放送も受信し、公私にわたり、短波放送の送受信で米軍にスパイとして貢献していた。戦後、戦犯から免れた。東京ローズ、アイバ戸

栗ダキノは、戦犯として、禁固10年、罰金1万ドル、米国籍剥奪となった（フルモト、2014）。スパイが生き残ったのである。テディ古本はプロ野球の元投手であり、米軍の暗号や短波受信機を使用しており、日本放送協会内部に日本人の米軍スパイが存在していたことが示唆される。

　一方の被災した広島はどうであったか。1945年2月16日から、米軍はB29による対日宣伝のビラをまいていた。同年7月末、「8月5日、広島を大空襲する」との大量のビラが広島にまかれた。広島通信局では、8月1日、ボイス・オブ・アメリカから「8月5日に、特殊爆弾で広島を攻撃するから、非戦闘員は広島から逃げていなさい」との日本語放送を受信していた（久保・中村・岩堀、1990）。広島の陸軍通信隊もこの放送を傍受し、陸軍主力を郊外に避難させていた。陸軍将校と家族、広島県幹部もまた逃げ出していた。少なくとも一部の広島市民は原爆の予告を聞いて、避難を開始していた（鬼塚、2008；古川、2011）。

　海外短波放送の情報は、どこまで拡散していたのか。当時、京大の学生だった水田泰次は、冶金の西村秀雄教授から「特殊爆弾でヒロシマ危険」と聞かされた。そのとき湯川秀樹も同席していた（藤原、2015）。湯川は荒勝研究室のF号研究の主力メンバーであり、二号研究のメンバーでもあり、当然既に聞かされていたであろう。

　公的に許可されて、海外放送を傍受していたのは、軍以外に日本放送協会、同盟通信、外務省があり、仁科芳雄は同盟通信記者から直接傍受内容を聞かされていた。

　また、気象庁では、広島気象台の気象原簿の移動が7月1日の呉大空襲の後、始められた。爆撃を逃れていた広島に爆撃が近づいていることを感じ取っていたのである。7月28日、B24爆撃機が墜落し、搭乗員2名が捕虜となる。「8月6日、ヒロ

図1　B29エノラゲイ

シマは焼け野原になる」と証言した。米軍の捕虜は広島城内の歩兵第1補充隊の営倉、すなわち、広島の中心に留置された。人間の盾である。広島の中心地は、空襲に備えて、学徒隊が木造家屋の撤去を行っていた。

　米国では、1945年4月12日、ルーズベルトが脳出血で死去する。直後、トルーマンは次期大統領に就任する。マンハッタン計画の全貌を初めて知ることになる。第2次大戦は最終段階に移っていた。ドイツは敗戦に向けて秒読みを始めた。原爆投下は日本の17都市に絞られ、爆発規模、被害、死亡距離の計算がハンガリー出身のユダヤ人フォン・ノイマンに委託された。5月8日ドイツ降伏。マンハッタン計画はその全貌を現わし、広島ほかの都市に爆撃が決まった。原爆は3発。リトルボーイ1基とファットマン2基である。総予算20億ドルが執行された根拠を議会と米国民に示す時期が来たのである。悪魔の使徒が開発した原爆のお披露目である。30年前にH・G・ウェルズが予言した戦闘機による原爆投下がベルリンではなく、広島でついに実現することになった。ルーズベルトの死から突然の交代で就任したトルーマンにとって、成果を示す格好の時を迎えた。

1.3. マンハッタン計画

　1938 年、マイトナーとフリッシュによる核分裂の発見に対し、世界の主要物理学者は、原子爆弾の誕生を予測した。ハンガリーのユダヤ人シラードは、アインシュタインに大統領あての手紙を依頼した。しかし、現実にマンハッタン計画が動き出すには数年の月日を要した。1939 年 9 月 1 日、第 2 次大戦が開始され、米国の参戦が必要条件であった。日本とドイツの暗号は乱数型であり、数学的に解読不能と考えられていたが、米軍が入手した暗号生成装置から外務省文書の解読は直前に可能になった。暗号解読の結果、真珠湾攻撃は米軍にとって、予定通りの「奇襲」であった。

　1939 年、ルーズベルトはアインシュタインとシラードの文書を経済学者のザクスから受け取り、ウラン諮問委員会を発足させる。ハンガリーのユダヤ人物理学者、シラード、ウィグナー、テラーは委員会に参加し、20000 トンの高性能火薬に匹敵する原爆の可能性を説明した。1940 年、物理学は大きく変化し、発見が相次いだ。ネプツニウム、プルトニウムが発見され、黒鉛型原子炉が稼働し、サイクロトロンが新元素を生んだ。ウラン 235 の分離技術も遠心分離、熱拡散、障壁拡散、電磁気分離、気体拡散と展開した。プルトニウム 239 がウラン 235 よりも有力な原爆の元素であることもわかってきた。原爆の基礎理論が確実に進歩した。水素爆弾の原理も生まれた。数億ドルの予算も提案された。ルーズベルトのもとにすべてが集約された。

　1941 年 12 月 8 日、日本は真珠湾攻撃を仕掛けた。1942 年 8 月、米国陸軍工兵司令部によるマンハッタン工兵管区（コード名）が創設された。すなわち、マンハッタン計画が開始された。総指揮は、陸軍のグローブス准将（MIT、陸軍士官学校卒）が取

り、カリフォルニア工科大学のオッペンハイマー教授が開発を
担当した。当初の開発予算は 20 億ドル（現在の貨幣換算で 2.5 兆
円）であり、日本、ドイツ、米国の原爆の開発予算は概略、1：
15：370 であった。日本の国力を考えれば、最大限の予算を投
じた。残るソ連は世界のスパイ網、特に英米からただで原爆情
報を得ていた。オッペンハイマーの元配偶者は共産党員であっ
た。マンハッタン計画に集められた科学者、工学者は、米軍の
監視下と共産党のスパイによる支配との 2 重の監視の下で働か
された。

　まず、1941 年、コロンビア大学のフェルミ教授は指数パイ
ルと呼ばれるウラン・黒鉛型原子炉を開発し、プルトニウムの
化学抽出に成功する。長崎の原爆に必要なプルトニウムが生産
できる態勢ができ上がった。1940 年、プルトニウムは、バー
クレーでローレンツ教授のサイクロトロンによりウランから作
られた。惑星ウラナス（天王星）の次は、ネプチューン（海王
星）、そしてプルート（冥王星）であることから、ローレンツの
サイクロトロンから生成された元素は、ネプツニウム、プルト
ニウムと名付けられた。同時期、日本の理研ではローレンツの
サイクロトロンをもとに、仁科芳雄は 60 インチ（150cm）のサ
イクロトロンを製作中であった。プルトニウム生成への確実な
実験が行われようとしていた。

　この段階で、ウラン 235 の臨界量とプルトニウム 239 の核分
裂の可能性がわかってきた。太平洋戦争の 1 年前である。1941
年、米国科学アカデミーでは、核分裂を応用する兵器として、
強烈な放射性物質（被曝による殺人）、潜水艦の原子炉、原爆
の 3 種類の可能性が提案された。それぞれ、1943 年、1944 年、
1945 年の完成見込みが期待された。原爆にはウランの濃縮かプ
ルトニウムの生産が考えられた。プルトニウムはウランよりも

1.7 倍効率（断面積）が良いことも報告された。臨界量はウラン
で 15kg、プルトニウムで 5kg と推定された。それぞれ 9cm 大、6
cm 大の大きさに相当する。すなわち、手に載る爆弾である。

　サンタフェ近郊のロスアラモスに原爆の高速中性子実験所の
建設が決定された。リオグランデ川上流域である（流長 3087km）。
所長はオッペンハイマーであった。1943 年 4 月、研究所が創
設された。ドイツ系ユダヤ人のベーテ、ハンガリー系ユダヤ人
のテラーを筆頭に、総勢 100 人で構成され、中性子の基本特
性、臨界量の測定、点火方法（イニシエーター）、流体力学等を
理論・実験の両面から研究し、原爆の完成までに 2 年を要する
と結論された。ベーテは後にノーベル賞、テラーは水爆の開発
に従事する。ファインマンも参加した。実験所は隔離され、軍
の監視下に置かれた。オッペンハイマーは東欧系ユダヤ人の移
民の子、ファインマンはベラルーシ系ユダヤ人移民の子として
ニューヨーク出身である。ここで、ウラン、プルトニウム型原
爆の基本構造が決定され、完成した。臨界量未満の 2 つの爆弾
コアを「爆縮」により、一体とし、臨界量に達した段階で爆発
させる構造であった。この衝撃波の複雑な流体力学を開発した
のがフォン・ノイマンであった。フォン・ノイマンは、ハンガ
リーで生まれたドイツ系ユダヤ人の子であり、1930 年、米国
に移住した。その後、プリンストン高等研究所で、原爆の流体
力学を研究した。

　さらに、テネシー州東部オークリッジに、ウラン 235 を分
離精製する工場を建設する。ミシシッピー川上流域である（流
長 5969km）。電磁同位体分離法と気体拡散法によるプラントを
1943 年、建設した。電磁同位体分離法はローレンツの設計に
よるものであり、サイクロトロンと同じ原理を用いている。磁
場中の荷電粒子は質量の差だけ回転半径が異なることで、分離

できる。ウラン 235 と 238 を分離した。カルトロンと命名された。ローレンツは、2000 基のカルトロンで、300 日稼働すれば、30kgのウラン 235 が分離できると見積もった。1 年で原爆 1 基を生産できる見通しができた。グローブズは、最終的に 500 基のカルトロンを決定し、1943 年 2 月 18 日に着工した。真空装置だけでも世界最大級であった。1 億 5000 万ドル（現在の貨幣価値で 1875 億円）に達した。

　一方の気体拡散は、コロンビア大学で進められ、ウラン気体をニッケル製多孔質膜に通して、ウラン 235 濃度を増加させるものであった。オークリッジでは、テフロンと純ニッケルで構成された数千の直列タンクからなり、1 億ドル（同 1250 億円相当）が計上された。最終的には、多孔質膜は改質され、2892 基の塔槽類として、5 億ドル（同 6250 億円）にまで拡大され、グローブズは、第二次大戦ではなく、戦後の核兵器開発を目指す規模に変更した。彼にとってはもはやドイツは目標ではなくなっていた。原爆は確実に完成できるとの確信を持った。日本もドイツも敗戦が決定的になっていた。原爆の材料も電源の規模も世界水準に達しており、もはや日本もドイツも原爆の完成どころか、戦略爆撃により、戦力の衰退しかなかった。ルーズベルトの知らぬところで、グローブズによる世界戦略が進められることになった。原爆による世界支配である。

　残るプルトニウム型原爆は、フェルミによるシカゴ大学のパイル原子炉で生産されるプルトニウムを分離精製させるプラント建設が計画された。ハンフォードの再処理工場である。ワシントン州コロンビア川中流域の 20 万ヘクタールの用地に建設されることになった。ハンフォード技術工場である。パイル原子炉は反応炉と呼ばれた。200 トンのウランと 1200 トンの黒鉛で構成され、徐熱に冷却水が使用された。核反応したウラン

はプルトニウムに変化し、スラッグとして取り出され、純水の
プールで保管され、60日後に化学分離工程に輸送される。大
量に生産される放射性物質はコロンビア川（流長2000km）に直
接放流された。3基の反応炉はコロンビア川に沿って、10km間
隔で配置され、化学分離プラントは4基建設された。1942年
に着工され、1943年に廃水処理場が建設された。3基の反応
炉は1945年8月までに完成した。高レベルの放射性同位体は、
黒人、メキシコ人、囚人が取り扱った。担当したデュポン社は、
過半が白人、プロテスタント、大卒で構成された正職員であっ
た。

　原爆製造の拠点はいずれも大河川、リオグランデ、ミシシッ
ピー、コロンビア各河川の流域に建設され、大量に発生する放
射性廃棄物を直接放流した。特にハンフォードの再処理工場は
チェルノブイリに匹敵する汚染が依然残っている。

　ドイツは、スターリングラードの攻防戦（1942年6月28日〜
1943年2月2日）で、ソ連軍に「敗北」した。ドイツは85万
人、ソ連は120万人の死傷者を出した。また、連合国軍による
ドイツ主要都市への無差別戦略爆撃が繰り返され、国力を急速
に失っていった。日本もまた、ミッドウェイ海戦（1942年6月
5日）での敗戦で航空戦力の過半を失い、1944年6月からの本
土への無差別戦略爆撃で、同様に国力を衰退していった。

　こうして、リトルボーイとファットマンは、1945年4月12

図2　リトルボーイ（左）とファットマン（右）

日にはほぼ完成した。あとは、ウラン 235（15kg）とプルトニウム 239（5kg）の生産だけであった。

　原爆の完成とともに、4 月 13 日、B 29 の爆撃により理研の実験施設が炎上した。同時期、ドイツの 1200 トンのウラン鉱が連合軍により没収された。日本とドイツは完全に原爆の開発ができない状態になった。4 月 12 日、ルーズベルトが死去し、トルーマンが就任し、4 月 30 日、ヒトラーが自殺した。

　7 月 16 日、不安のあったプルトニウム爆弾の実験がニューメキシコ州アラモゴード北方の砂漠ジョルナダで行なわれた。トリニティと名付けられ、完璧に成功した。ヨーロッパで、ドイツとソ連に追われたユダヤ系エリート科学者は、恐怖の対象であったヒトラーが死に、原爆投下の目標を失った。最終兵器としての原爆は、既に実験でその効果が示された。トルーマンとグローブスは、広島、小倉、長崎でデモンストレーションとしての原爆投下を強行した。スターリンにもチャーチルにも秘密裏に進めた。第 2 次大戦は米国によって終了させる必要があった。ソ連の参戦は受け入れがたかった。日本国憲法の準備も同時進行していた。スターリンの元には日本から終戦の仲裁依頼が来ていた。

　第二次大戦を主導してきた、国際金融資本と軍需産業にとって、最後の最大の成果を上げるときが来たのである。次の時代を支配する原爆こそがその狙いであり、日本の状況は全く関係なかった。広島と長崎の市民は殺される運命にあった。

1.4. ポツダム宣言

　ベルリンの南西 20km にポツダムがある。連合国の爆撃とソ連の砲撃でベルリンは破壊された。1945 年 7 月 16 日、トルーマンはポツダムに入った。米国は既に暗号の解読で、ソ連の調

停による日本の降伏条件を入手していた。すなわち、国体護持か無条件降伏かである。同時にトリニティの成功を夕刻に聞いていた。もはや米国はソ連の援助を必要としない、原爆がいよいよ量産体制に入っていた。スターリンは米国内のスパイを通し、原爆の成功を既に知っていた。原爆の設計図も基本部品も入手済みであった。トルーマンはスターリンに新兵器の紹介をし、スターリンはこれを日本に使うことを希望した。トルーマンは日本に警告文を送ることを決めた。スターリンは8月15日の参戦を表明していた。トルーマンはその前に特殊爆弾を広島、小倉、新潟、長崎を目標とする投下命令の通達を米軍に発した。リトルボーイの最後の部品が完成した。8月の第1週を投下の予定日とされた。

　1945年7月27日、ポツダム宣言が米国、中華民国、英国の代表で発表された。日本に対する無条件降伏の要求である。同日、テニアン島には2基の原爆の部品が到着した。トルーマンは同宣言が国体護持を理由に日本に受理されないことを、スターリンを通じて知っていた。原爆については「最後の打撃」で「日本と日本軍が完全に壊滅する」と表現された。日本語による放送が7月27日午前7時、短波、中波のラジオ放送で繰り返された。仁科は原爆について、疑心暗鬼であった。3年で原爆が完成することはあり得ないと考えた。日本政府は同宣言を黙殺し、原爆投下の根拠を与えた。

1.5. 原爆投下

　ぶっつけ本番さながらに、2つの原爆が用意された。最終的に、広島、小倉、長崎の3地点に絞り込まれた。もはや、ソ連の参戦は必要なくなった。米国単独で、日本の無条件降伏を迫ることになった。トリニティの実験からわずか2週間後に、日

本への原爆投下が決定された。ポツダム宣言の回答を1週間猶予し、台風も考慮し、8月の第1週以降に2基の原爆を連続して落とすことになった。事前に気象と精密爆撃のためのB29による写真測量が行なわれた。多数の市民を殺害するための最も効果的な爆発高度が、ユダヤ人のフォン・ノイマンによって、音速を超える衝撃波の流体力学の最新理論で算出された。ファットマンで採用された爆縮の理論に続き、最新理論が天才ユダヤ人により生み出された。もはや被害者としてのユダヤ人ではなく、悪魔の使徒としてのユダヤ人に変質した。その中心はオッペンハイマーである。彼は原爆が失敗したとしても、ストロンチウムを含む放射性物質によって、市民を殺害することを提案しており、マンハッタン計画の当初から、オッペンハイマーは被曝による死者数の成果を熟知していたのである。もちろん、ドイツ人を殺害する計画が当初より立てられていた。

　東京都杉並区高井戸にある陸軍特殊情報部は、8月6日に解散した。広島の原爆投下直後に、陸軍が終戦の準備をしていたことを端的に示している。戦略爆撃総括のルメイは日本の降伏は時間の問題として、原爆投下に反対した。米軍もまた原爆の必要性を認めていなかった。

　1945年6月、太平洋、テニアン島に新型のB29が11機準備された。7月26日、リトルボーイとファットマンの全ての部品がテニアンに運ばれた。ポツダム宣言が発表され、日本政府は無視した。規定通りの原爆投下の準備が始まった。7月31日、リトルボーイが完成した。8月2日、ファットマンも完成した。8月4日、機長のティベッツ（30歳）は、7機のB29の乗組員に広島、小倉、長崎の航空写真を提示した。トリニティの実験映画も上映された。8月6日、早朝の出撃が命じられた。

　8月6日、3機の気象偵察機が出発し、1機が硫黄島に待機

し、2時27分、ティベッツ率いるエノラゲイが飛び立った。爆弾は4トンである。3時、機内での組み立て作業が開始された。5時52分、硫黄島上空で観測機と撮影機に合流する。7時30分、爆弾のバッテリーのスイッチが入れられる。8時15分、気象偵察機から、広島、快晴の報告がある。8時40分、高度を9400mに上昇する。広島とは1時間の時差がある。精密爆撃には、目視による空中写真との照合で目標に爆弾を投下する。目標は広島市の中心、太田川の相生橋である。上空からT字状に見える格好の目標である。北東に広島城がある。陸軍第2司令部である。営倉には米軍の捕虜が留置されていた。日本時間8時15分19秒投下。爆発高度580mで、自動点火爆発。同8時16分2秒であった。28万人の市民と43000人の兵隊がいた。1945年末までに14万人が死んだ。8月8日、ソ連参戦布告。

8月9日、ボックスカーはプルトニウム型原爆を搭載し、3時47分、テニアンを飛び立ち、小倉を目指した。10時44分、霞と煙により目標が捉えられず、長崎に変更。長崎市松山の競技場を目標に投下。11時2分爆発、高度500m。1945年末までに7万人が死んだ。地表の全てが消失した。

広島の被災後、理研の仁科芳雄と京大の荒勝文策は現地に向かった。陸軍のニ号研究と海軍のF研究の責任者であり、日本の原子核物理の代表であった。サイクロトロンを駆使し、熱拡散法と遠心分離法でウラン235の分離に成功していた。8月10日、現地を見て、放射線測定から、仁科は原子爆弾と断定した。荒勝は後日、土壌試料中の核分裂生成物と誘導放射能の確認からウラン235の核分裂であると結論した。

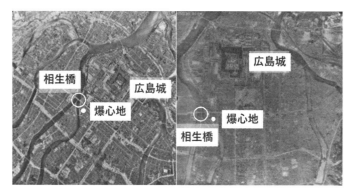

図3 原爆投下前の空中写真（左：1945年7月25日）と投下後の写真（右：同8月8日）

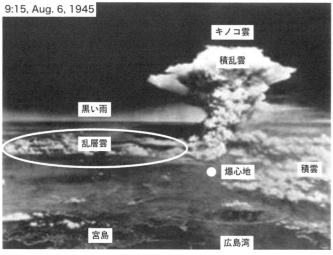

図4 原爆投下直後（9時15分）。白点：投下点。楕円：黒い雨域。エノラゲイ撮影。
放射能は3種類の雲により運ばれた。高さも方向も異なる、黒い雨の乱層雲、キノコ状の積乱雲、広く広がる積雲である。

図5　原爆投下後の長崎市（1947年11月7日）と爆発直後の原爆雲（11時2分）

1.6. 原爆の被害

　原爆の被害は3つの主要な被害に分類できる。爆風圧、輻射熱、放射能である。前2者はフォン・ノイマンによって、最も効率の良い高度が算定された。オッペンハイマーは放射能の致死量に着目し、ストロンチウム90が最も有効で、1回の投下で50万人殺害が可能であると考えていた。この2人のユダヤ人は、ドイツ降伏の後で、日本人をいかに効率よく殺すかに全力を挙げた。

　2つの原爆はいずれもTNT火薬で2000トンに相当する爆風圧を生成する。B 29は爆弾10トンを最大積載できるが、2000トンはケタ外れに大きい。4トンの原爆でTNT2000トン相当である。人間は爆風圧0.21気圧で鼓膜が破れ、肺胞が0.42気圧で破裂し、死亡する。木造家屋は0.21気圧で大破し、重量コンクリート構造は20気圧で崩壊する。

　爆風圧P（kg/cm²）と距離D（m）の実験式はTNT重量W

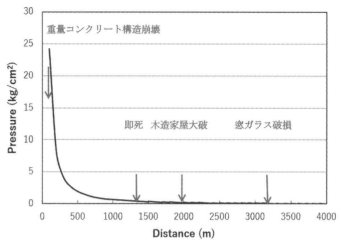

図6　広島型原爆の爆風圧と距離の関係

（kg）換算で、次のように表現できる。ただし、W = 2000000
kgである。

$$P = 16.8(W^{1/3/D})^{1.575}$$

　図6にその様子を示すが、爆心地から1.3km以内で人間が即
死することがわかる。2kmの地点で、木造家屋が大破し、窓ガ
ラスの破損は3.2kmに達する。木造家屋が大破した時点でほと
んどの人は助からなかったであろう。輻射熱で起きた火災で焼
死した事例がほとんどであろう。
　一方の輻射熱は、原爆のファイアボール（火球）によって、
瞬間的に生成される。広島の原爆のファイアボールは、半径
100 m、標高610 mから上空に上昇し、約1.5秒間、表面温度が
9000℃で、輻射熱を出した。熱線である。この条件で計算した
結果を図8に示す。ただし、人体接近限界は1080kcal/㎡hで

図7　原爆のファイアボール

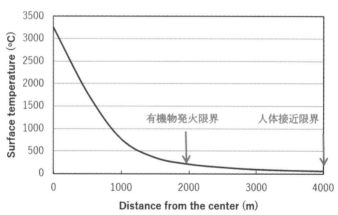

図8　距離と表面温度の関係

あり、有機物の発火は 4200kcal/㎡ h である。

　すなわち、原爆の中心から 2km までの木造家屋は発火し、4 km までの人は火傷を負うことになる。

原爆の放射能はどのような形態で被害を与えたのか。すなわち、以下の形態があった。

(1) 中性子・ガンマ線
(2) 核崩壊生成物
(3) 誘導放射能
(4) 黒い雨

原爆直後1分以内のファイアボールから中性子とガンマ線が放出する。核分裂のさい、中性子とガンマ線が出る。さらに核分裂生成物からガンマ線が放出される。地上に到達する中性子から土壌構成の元素が放射化され、誘導放射能として、地表に残留する。放射化された元素には硫黄とリンがあった。輻射熱により発火した木材と放射化された硫黄とリンが発火し、大火災が始まった。上空に舞い上がった火炎は、黒煙と水蒸気を供給し、1000 m付近で雲が形成された。輻射熱から爆心地から2 kmの半径で、火災が始まった。太平洋上にある高気圧から原爆の局所的な低気圧に向かい、東風が発生した。

1.7. 黒い雨の調査

原爆投下直後、中央気象台長の藤原咲平は宇田道隆（神戸気象台長）に黒い雨の調査を命じた。調査は、広島管区気象台の菅原芳生（技師、台長）、北勲（技手、技術主任）、山根正演（技手）、西田宗隆（測候技術官養成所3年）、中根清之の参加で行われた。9月6日、台長交代の事務引継ぎが行なわれた。9月17日、枕崎台風襲来。京大研究班が遭難。9月25日、菅原が東京から戻り、原子爆弾災害と枕崎台風の調査命令が藤原咲平から出されたとの報告があった。9月28日、宇田道隆が除隊、気象台

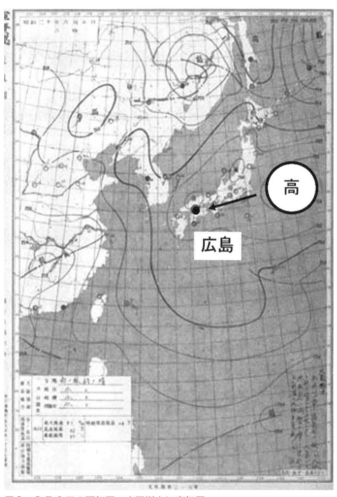

図9　8月6日の天気図。太平洋上に高気圧。

を訪問した。宇田は、陸軍水上特攻隊のための気象教育を兵士に行なっていた。宇田が原爆と台風の被害調査の指揮を行なうことになった。宇田は聞き取りを中心とする調査に決定した。

(1) 爆発当時の景況：火の玉、キノコ雲、積乱雲
(2) 爆心の決定
(3) 爆心地を中心に周辺の風の変化
(4) 爆発後の降雨現象：降雨域、降雨強度、雨域の移動、黒い雨の原因と性質
(5) 飛散降下物の範囲と内容
(6) 爆風の強さと破壊現象：爆心からの距離による破壊状況の変化
(7) 火傷と火災：熱線による火傷の範囲、建物への自然着火状況、延焼、火災の盛衰、焼失地域。

　兵庫県鹿谷村出身の北勲は、姫路中学卒業後、中央気象台測候技術官養成所を2度受験失敗し、岡田武松台長の推薦で1932年、大阪支台の見習、1933年、測候技術官養成所入所、東大教授より直接指導を受けた。1934年、大阪支台で航空気象。1940年、伊豆大島測候所、1942年、広島地方気象台に転勤。黒い雨の調査の中心的役割を演じた（柳田、1975）。
　宇田道隆（1905〜1982）は、当時、神戸気象台長で、広島の陸軍船舶司令部で将兵の気象教育に当たっていた。東京大学理学部物理学科の卒業生であり、寺田寅彦門下であった。1939年、理学博士（海洋気象学）。
　藤原咲平（1984〜1950）は、当時、中央気象台長で、原爆の調査を菅原芳生（広島気象台長）に命じた。藤原は東京帝国大学理科大学理論物理学科卒業、寺田寅彦門下であった。1909

年、中央気象台、技術見習員講師として天気予報に従事する。1911年、技手。1915年、理学博士。1918年、技師昇格。1920〜1922年、ノルウェー留学。1922年、中央気象台測候技術官養成所主事。1924年、東京帝国大学教授。1926年、東京大学地震研究所員。1941年、中央気象台長。戦時中は風船爆弾の開発、戦後、公職追放される。風船爆弾はカリフォルニアの核施設を爆破した。

したがって、黒い雨の調査は、藤原の命令で、宇田が広島地方気象台職員を指導し、8月11日に赴任した菅原芳生広島管区気象台長以下で行われた。8月6日、原爆投下直後から終戦を挟み、9月17日、藤原から菅原に直接、東京で命じられた。9月17日は枕崎台風が広島を来襲した日である。中心、960ミリバール、風速20m、室戸台風並みの大型台風であった。

9月28日、宇田が広島管区気象台に合流した。宇田は被曝

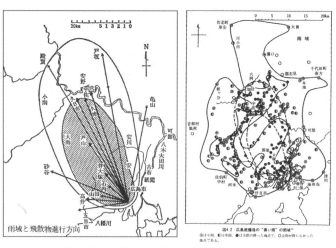

図10　宇田道隆の黒い雨域（1945）と増田善信の雨域（1989）。

図11　エノラゲイが撮影した広島原爆。1945 年 8 月 6 日 9 時 15 分、松山上空、高度 3963 m。

していた。宇田は、聞き取りによる被曝の時空間分布を求める指示を菅原に行った。聞き取りは 12 月まで行われた。聞き取りの総標本数は 116 点で、降雨の標本数は 68 点、うち黒い雨は 31 点であった。降雨全体の 46% であった。降雨継続時間は最大 7 時間 15 分であった。宇田が推定した黒い雨の降雨域を図 10 に示す。強い降雨域は長径 19km、短径 11km、弱い降雨域は長径 29km、短径 15km となった。これが、被曝者認定の雨域として、以後、76 年間、被曝者を苦しめる原因となる。のちに、増田善信（1989）は、再調査結果から、総標本数を 1188 点として、雨域を発表した。北北西に 45km、東西方向 36km、面積 1250㎢に及んだ。宇田の 3.6 倍である。

　しかしながら、当時の欧米の新聞にはエノラゲイが捉えた広島の原爆写真が掲載された。

　上図は、松山上空からエノラゲイの撮影隊が、投下後、広島を撮影したものだが、キノコ雲とともに、黒い雨の画像が捉えられている。キノコ雲は水平 14.2km、高度 10.5km で東方向に伸びているのに対し、黒い雨は水平 18.3km、北西に伸びている。雲底高度 562 m と低い。風向はそれぞれ西 2.8 m /s、南東

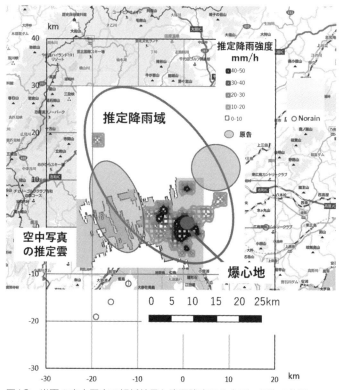

図12 米軍の空中写真の解析結果と降雨強度の分布図、原告の位置。

3 m/sで、地表風は南西 1.7 m/s である。宇田、増田ともにこの空中写真からの雨域の推定を行っていない。この画像を考慮して、雨域を推定したのが、図12である。降雨強度は宇田（1945）を参照した。

　上図では、降雨をもたらしたのが、西側に広がる黒い雨をもたらす低い乱層雲と東側の上空に広がるキノコ雲（積乱雲）の2つであることがわかる。当然、前者は黒い雨粒の雷雨である

のに対し、後者は普通の降雨で、いずれも放射性同位体を含んでいた。つまり、広島では2つの方位の異なる降雨により放射能汚染が進行していた。黒い雨だけでは、被曝は過小評価となる。なお地表風は南西 1.7 m /s であり、層流で北東方向に 100 kmに伸びる放射能汚染（積雲）が該当する。これもまた見落とされた汚染である。同図中に黒い雨訴訟の原告の位置を2カ所示すが、宇田域をはみ出し、西側の黒い雨と東側のキノコ雲であることがわかる。両者は、空中写真から明確に確認できる。宇田、増田ともに空中写真情報を見逃したのは問題であった。つまり、

⑴　黒い雨をもたらした乱層雲
⑵　白い雨を降らせた積乱雲、キノコ雲
⑶　白い結晶、非晶質の放射能微粒子を落とした積雲

　以上の3種類の雲によって、人々は被曝した。
　すなわち、黒い雨は原爆直後、主として、木造家屋の火災により、発生した水蒸気と黒煙から形成された乱層雲が標高 1000 m付近を南東風3 m/sで広島の北西部を覆い、中心付近で 50mm/h の強い雨があり、1時間継続し、夕方近くまで、断続的に少雨が続いた。地表面には、ウランの核生成物、ウランの断片、中性子照射による誘導放射能が広く分布していた。ウラン核生成物としては、セシウム 137、ストロンチウム 90、サマリウム 151、プロメチウム 147、ルテニウム 106、アンチモン 125、バリウム 140、ストロンチウム 89、ジルコニウム 95、セリウム 141、ヨウ素 131、テクネチウム 95 mがある。誘導放射能としては、アルミニウム 28、マンガン 56、ナトリウム 24、スカンジウム 46、コバルト 60、セシウム 134 である。多くは

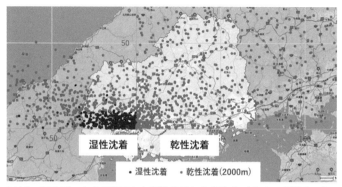

図13　気象データから算定した湿性沈着と乾性沈着（高度：2000 m）

白色の結晶である。金属は酸化物、炭酸塩、有機物の形態である。誘導放射能では、リンも生成され、自然発火していた。

　当時の気象データをもとに、湿性沈着と乾性沈着のシミュレーション計算結果を示す。湿性沈着は、降雨時の放射性同位体の地表面への落下、乾性沈着は、無降雨時の放射性同位体の地表面への落下である。前者は後者の３〜10倍の濃度である。

　計算結果は、政府が認定した被曝範囲を大きく超えている。被爆者の認定はきわめて過小評価といえる。乾性沈着が完全に無視されている。

参考文献

R. Rhodes, *The making of the atomic bomb*, 1986（日本語訳：原爆の誕生、紀伊国屋書店）。

保阪正康、日本原爆開発秘録、新潮社、2015.

柳田邦男、空白の天気図、新潮社、1975.

久保安夫、中村雅人、岩堀政則、B 29エノラゲイ原爆搭載機「射程内ニ在リ」、立風書房、1990.（NHK「広島が消えた日」1989 年 8 月 3 日放送）

黒木雄司、原爆投下は予告されていた！、光人社、1992.

古川愛哲、原爆投下は予告されていた、講談社、2011.

松木秀文・夜久恭裕、原爆投下、黙殺された極秘情報、NHK 出版、2012.

藤原章生、湯川博士、原爆投下を知っていたのですか、新潮社、2015.

テッド・Y・フルモト、テディーズ・アワー、文芸社、2014.

D・ネディアルコフ、ノモンハン航空戦全史、芙蓉書房出版、2010.（源田孝監訳）

R. Joffe, *Shadow makers*, Paramount Pictures, 1989.

原爆災害誌編集委員会、広島長崎の原爆災害、岩波書店、1979.

鬼塚英昭、原爆の秘密［国内篇］昭和天皇は知っていた、成甲書房、2008.

政池明、荒勝文策と原子核物理学の黎明、京都大学学術出版会、2018.

浜野高宏、新田義貴、海南友子、原子の力を解放せよ、集英社、2021.

L.R.Groves, *Now it can be told: The story of Manhattan Project*, Da Capo Press, 1962.

広瀬隆、赤い楯、集英社、1991.

日本学術会議、原子爆弾災害調査報告集、日本学術振興会、1953.

沢田昭二ほか、広島・長崎原爆被害の実相、新日本出版社、1999.

D. Hammet, *The Thin man*, A. A .Knopf, Inc., 1934.

2. ウラルの核惨事

2.1. 亡命科学者の告発

　1957年9月29日午後4時20分、ソ連ウラル地方チェラビンスク州マヤーク Mayak 核技術施設で爆発事故が発生した。同施設は、原子爆弾用プルトニウムを生産する原子炉5基と再処理施設からなり、1948年に建設された。2000万キューリーの放射性同位体が大気中に排出され、1億2000万キューリーの同位体が水域に排出された。

　ソ連の核開発は米国のマンハッタン計画に始まる。当時、日独米の3か国が核開発を開始した。開発予算は1：10：100ほどの差があり、米国だけが資源確保を含め、現実的であった。特に、ヨーロッパの反ユダヤ主義が、上流階級のユダヤ人たちの英米への移住、亡命を進めた。貧しいユダヤ人は逃げるすべもなく、無残に殺されていった。ヒトラーもルーズベルトもユダヤ人であった。アインシュタインもフォンノイマンもカトリックに改宗した「ユダヤ人」であった。「フォン」は貴族の出身であることを示す。英国は米国との共同開発を選んだ。チャーチルとドゴールはともに貴族であった。「ド」は貴族の出身であることを示す。

　一方、ソ連のスターリンは、ユダヤ人ではなく、貴族でもなかった。ソ連には、ジュラルミン工場もなく、航空機は一時代前の複葉機を中心とした、木材と布と鋼材で作られたもので、日独との航空戦では常に多大の損害を受けていた。ほぼ全滅に

45

近かった。原爆開発など論外であった。

　ソ連の原爆開発は、技術の盗用しかなかった。1930 年より始まった粛清は、ノーベル賞級の物理学者も例外ではなかった。盗用は 3 つのルートから行われた。在米のソ連軍人による直接的な資料収集と軍用機による輸送、共産党員と工作員によるマンハッタン計画執行者に接近しての図書、部品、写真の持ち出し、英国の協力者による情報提供である（Rhodes, 1986）。計画の中心であるオッペンハイマーの元配偶者は共産党員であり、彼自身、共産党に対する共感があった。開発の中心、ニューメキシコ州のロスアラモスは、隔離され、24 時間、軍による監視と盗聴、私信の開封が常時行なわれた。にもかかわらず、原爆の情報は完璧にソ連に移動した。

　ソ連の各地に秘密基地と工場が建設された。その建設仕様は、ロスアラモス、オークリッジ、ハンフォードのシステムそのものであった。ウラルの秘密基地もまた、ハンフォードの再処理工場と全く同一の仕様であった。再処理工場は、パイルと呼ばれる原子炉から抽出された核燃料を硝酸により溶解し、プルトニウム、セシウム、ストロンチウムを抽出する化学工場である。オッペンハイマーは、日本人を 50 万人殺害するために、放射能爆弾を考えていた。ハンフォードではデュポン社による再処理が行われており、抽出されたプルトニウムは長崎型原爆の原料にされた。この工法は確実に原爆が製造でき、ウラン 235 を抽出する物理的抽出より優れていた。ただし、プルトニウム爆弾はウラン爆弾よりも複雑な構造が必要であり、この計算はフォンノイマンにより行なわれた。パイルと呼ばれる原子炉はフェルミの独創であり、ウラン 235 の抽出とともに、日本ではこれらの手法には遠く及ばなかった。

　戦時下から戦後のソ連の諜報活動は、「ヴェノナ」に詳しい

（Haynes & Klehr, 1999）。米軍は戦時下から戦後、世界主要国の暗号の解読を行っていた。日本とドイツの暗号は既に戦前の時点で解読され、特に日本の場合、真珠湾攻撃からポツダム宣言まで、ことごとく解読されていた。原爆の日程に合わせて、すべてが決められていた。日本国憲法の原案も準備されていた。

　ソ連は連合国であったが、公式の情報提供では満足せず、原爆の製造と保有を目指して、スパイ活動が行われた。コミンテルは、世界の共産党に各国の軍事情報と極秘情報の提供を命じた。共産党員の活動は各国の政治活動と共に、スパイ活動が義務付けられた。このスパイ活動は、したがって、米国の監視対象であり、電話盗聴、私信開封、電報解読が日常的に行なわれた。米国ではソ連からの移民、ユダヤ人、活動家が対象となった。国家中枢の4分の1が汚染され、共産党員の3分の1がスパイであった。米国大統領側近まで汚染されていた。職業は公務員、教員、医師、技師、貿易商に集中した。ほぼ無報酬でスパイ行為は行なわれた。

　特に原爆情報は、設計図から部品までソ連に輸送された。こうして作られたのが、秘密軍事基地であった。チェルノブイリ原発もウラルのプルトニウム工場もこうして建設されていった。米国の原爆の優位はわずか4年で並ばれた。1949年9月23日、トルーマンはソ連の原爆実験を公表した。プルトニウム型原爆が量産に向いていることを知った、ソ連は原子炉パイルから、核燃料を分離し、化学抽出で純粋プルトニウムの生成に成功した。危険な作業は、軍人、流刑者、重犯罪者、ユダヤ人、ドイツ人が行なった。米国では黒人とメキシコ人が危険作業を行った。重犯罪者は実験対象にされた。

　ソ連秘密基地のマイアック・プルトニウム工場は、1957年9月29日4時20分、化学爆発を起こした。2000万キューリー

の核物質を大気中に、貯蔵していた12億キューリーの水溶液を基地周辺に飛散させた。この事実を一人の亡命科学者が公表した。

2.2. マイアック・プルトニウム工場の爆発事故

　ジョレス・メドベージェフ（1925〜2018）は、父がスターリンの粛清で殺され、兄のロイと母と生き延び、反体制の活動と出版を死ぬまで続けた。1973年、ジョレス・メドベージェフは英国出張中、ソ連国籍を剥奪された。1976年、隠蔽された核惨事を『ウラルの核惨事』として英国で出版した。チェルノブイリの100倍の核汚染であると推定した。

　大惨事の予感は、不可解な核事故の報道から始まった。

　1976年11月4日ニューサイエンティストに、メドベージェフは「反体制の20年」を発表した。すなわち、1957年ないし58年にウラルの核惨事が起き、原子炉廃棄物が爆発で大気および水域に1億4000万キューリーの放射性同位体が排出され、南ウラルの27000㎢の地域が汚染された。当時の世界最大級の核汚染であり、20年間、秘密のベールに隠された事故であった。1万人の住民の退避が行なわれた。しかし次々と住民は白血病とがんで死んでいった。この記事は、すべて、ロシア語の学術文献から推定された事実であった。その後、チェルノブイリ事故により240億キューリーの大気汚染で記録は塗り替えられたが、汚染地域は極秘に住民を強制隔離し、病院に送り込み、20年間、すべての情報が隠蔽された。1957年、メドベージェフは、この現地での放射線の研究をフセボロド・クレチコフスキーから提案された。フセボロド・クレチコフスキーは、ジョレス・メドベージェフのチミリャーゼフ農業大学の上司である。しかし、メドベージェフはKGB監視下のこの機密研究を断っ

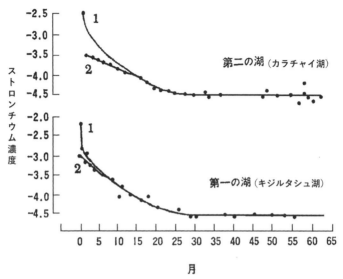

図1　非流水湖のストロンチウム（1：観測値、2：理論値）

た。この上司から、軍事用原子炉から排出された濃縮廃棄物が
地下貯蔵所に管理されていたが、化学爆発し、北東300kmの風
下に拡散していったことを聞かされた。退避された住民は数千
〜数万人に及んだ。死者数は不明であった。彼は放射線写真法
（オートラジオグラフィ）の専門家であったが、この秘密実験所
から出版された2本の学術論文に注目した。すなわち、F.Y.ロ
ンヴィンスキー「閉鎖湖の水中および底泥の放射性汚染分布の
計算法」とA.I.イレンコ「淡水魚によるストロンチウム90と
セシウム137の蓄積」である。

　図1のストロンチウムは、質量数90の放射性ストロンチウ
ムである。半減期29年でアルカリ土類である。30ヵ月での低
減は底泥中への沈殿である。水中濃度は100分の1に低減した。
また回遊魚の遊泳でも低減する。理論値と観測値との差は短半

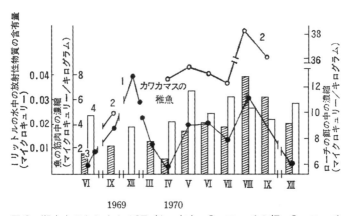

図2　湖水中のセシウム137（1：水中、2：ローチの餌、3：ローチの身、4：カマスの身）

減期の放射性同位体の低下を示す。第一の湖はキジルタシュ湖（4.5k㎡）、第二の湖はカラチャイ湖（11.3k㎡）である。秘密基地の南北に位置する。図2は、回遊魚のカワカマスとコイ科のローチのセシウム137の濃度の時系列を示す。すなわち、食物連鎖を意識して、水中濃度(1)、水生植物(2)、底生のローチ(3)、その上位のカワカマス(4)のそれぞれのセシウム濃度を毎月計測した。水中濃度より水生生物の濃度の方が高い。水生植物の成長に伴い、水中濃度の低下が認められる。8月の夏季にピークを迎える。当初、カマスの濃度が高く、ローチの濃度が低く推移するが、8月の夏季に逆転する。ローチの底生生物を食餌とし、回遊魚のカマスは表層の浮遊水生植物を食餌とすることから説明できる。

　2本の論文は湖の生態系の状況を観測したものである。観測にはストロンチウム90とセシウム137が用いられた。しかし、この記述にマヤク秘密基地の事故に考え及ぶ者はいなかった。

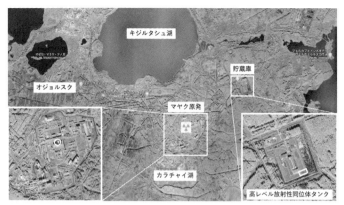

図3　マヤクの軍事秘密基地内の原発と高レベル放射性同位体タンク

　図1は、水中の放射性同位体が急速に沈殿し、底泥に移動した状況を示し、図2は、水中の放射性同位体が水生植物からコイ科のローチに、さらにカマスに移動した状況を示す。問題はこのような高い水準の放射性同位体がどこから来たのか、ということである。さらに、なぜ爆発したのか。

2.3. ソ連の原爆の開発史

　マヤク秘密基地には、原爆製造のためのフェルミ型原子炉と生成したプルトニウムを分離する再処理工場、分離された放射性同位体を貯蔵する地下タンク群からなる。基本的な設計仕様は、マンハッタン計画で作成された米国の施設と完全に同格である。米国の共産党員とスパイによって盗まれた詳細な設計図と製品により、製作された。ソ連の独創はない。すべてがスターリンの命令であった。

　ソ連を代表する物理学者、クルチャトフは、1903年、ウラル山脈南部のチェラビンスクで生まれた。1934年、小型サイ

クロトロンを稼働させた。カリフォルニア大学バークレーの
ローレンスに次ぐ快挙であった。同年、スターリンによる大粛
清が始まった。1941 年までに 1984 万人が犠牲となった。メド
ベージェフは、数千人の科学者、技術者が犠牲となったと推定
している。1939 年、クルチャトフは核分裂の研究を物理工学
研究所で組織的に開始した。1939 年 9 月 1 日、第二次世界大
戦が勃発した。翌 1940 年、同研究所で「自発核分裂」を発見
する。やがて、原子炉とウラン 235 の濃縮に課題があることに
気づいた。原爆開発の目標が提示された。減速材には黒鉛と重
水が有望であることが判明した。一方、スターリンはベリヤを
軍事技術の担当者に選び、スパイ活動を内務人民委員部に命じ
た。ソ連は原子力開発を物理学者と諜報活動で開始した。クル
チャトフは、原爆の製造には最大級の水力発電所の開発費が必
要であるとの結論に至った。結局、英米では原爆開発に着手し、
独ソでは断念した。

　ソ連は英米での本格的な原爆の諜報活動を開始した。1941
年 6 月 22 日、ドイツのソ連への奇襲が仕掛けられた。1941
年 9 月、ソ連に英米の最初の原爆研究の情報がもたらされた。
チャーチル傘下のイギリス情報部を監督するハンキー大臣の私
設秘書のジョン・ケアンクロスによるものである。ソ連のスパ
イは英国情報部の中枢に食い込んでいた。英米の原爆の最新機
密情報がすべて無条件にソ連に流れていた。1941 年 9 月のこ
とである。ウラン 235 の臨界量は 10 ～ 43kg と判明した。原
爆の可能性が示された。ウラン 235 の濃縮は多孔膜で達成され
ることになる。気体拡散法でも検討され、8 万㎡の広大な敷地
が必要であった。世界中の共産党員が無償でソ連のスパイ行為
に献身的に集中した。得られた情報はソ連の物理学者によりた
だちに検討された（Rhodes, 1995）。

さらに、1942年、クラウス・フックスが登場する。ドイツから英国に亡命した共産党員で若手物理学者であった。原爆の最新情報が加速する。同時期にスターリンとルーズベルトは原爆の開発可能性を認識する。しかし、2人の指導者の対応は対照的であった。ルーズベルトはゴーサインを出し、1944年の完成を予想した。スターリンは、ドイツの進軍に苦しめられ、本格的なスパイ活動にゴーサインを出した。1942年9月、クルチャトフが原爆開発の指導者に選任された。ソ連の原爆開発が始まった。マンハッタン計画がまず先行した。

　1943年、クルチャトフは、原子炉の建造とウラン235の分離法を決めた。減速材に必要な重水は不足していた。ソ連は途上国であり、工業基盤がなかった。一方の米国は、1941年の時点でプルトニウムを発見し、その分離に成功していた。1942年、原爆にはプルトニウムの方がウラン235より有利なことがわかっていた。マンハッタン計画では、ウラン235の分離に気体拡散法、熱拡散法、電磁分離法を採用し、開発した。さらに2つの原子炉、黒鉛炉と重水炉を建設し、プルトニウムの生産を開始した。すなわち、ウラン235とプルトニウムの同時生産が始まった。1943年4月、ニューメキシコ州北部にロスアラモスの研究所を建設し、2つの原爆の開発が始まった。ドイツ、日本、ソ連は米国に大きく水をあけられた。しかし、ソ連はスパイ、フックス（31歳）により英国で最重要情報を入手し、クルチャトフ（40歳）により英国の原爆開発の精査が図られた。ウランの分離には遠心分離法に加え、気体拡散法が追加された。フックスはさらに米国に渡り、コロンビア大学、さらに1944年、ロスアラモス研究所に異動した。原爆開発の中枢にいた（Rhodes, 1995）。

　共産党員の活動は、政治活動と諜報活動に集約される。当時

の米国政府には、349 名の共産党員が米国政府高官として、諜報活動を行っていた。米国大統領の側近もいた。共産党員の3分の1が諜報活動を行っていた（Haynes & Klehr, 1999）。ソ連人だけでも 418 名に上った。彼らはウランをはじめとする核物質と関連資材もソ連に送っていた。工作員の総数は数千人に及んだ。

1943 年、クルチャトフは、モスクワの物理工学研究所で奮闘していた。1943 年3月、米国は世界初の原子炉を完成させた。エンリコ・フェルミによるウラン・黒鉛炉である。クルチャトフは、重大な事実に気が付いた。原爆の製造には、ウラン 238 からウラン 235 を濃縮・分離する方法とウラン 238 から原子炉でプルトニウム 239 を核変換・化学分離する方法の2種類あることである。クルチャトフは、この2つの方法について米国での諜報活動を要求した。諜報先は、カリフォルニア大学バークレー校、イェール大学、ミシガン大学、コロンビア大学であった。ソ連スパイのフックスこそがこの重大な使命を担った。クルチャトフは核物理学の研究室を求め、ソ連アカデミー第2研究室が建設された。粒子加速器が組み立てられ、数マイクログラムのプルトニウムの生成が始まった。

ソ連の原爆開発は、1943 年に始まった。プルトニウムの原爆工場は、クルチャトフの故郷のチェラビンスクに決まった。1947 年、クルチャトフはチェラビンスク 40 と呼ばれる秘密基地の建設を行っていた。黒鉛を用いた生産炉はA 原子炉（アンノチカ）と呼ばれた。F1 と呼ばれたモスクワ東部 400km に建設された最初の原子炉は、クルチャトフとパナシュークにより 1943 年7月、設計された。しかし、高純度の黒鉛と金属ウランの生成に3年かかった。戦後、ドイツ人捕虜により解決した。さらに、スパイにより米国の方法に改善された。ドイツの占領

地帯の工場も使用された。ソ連製原子炉F1は、完璧に米国の原子炉ハンフォード305（1944）の仕様とほぼ一致していた。

　1946年8月1日、モデル集合体の1号機が完成した。1946年12月25日、ソ連初の原子炉が稼働した。チェリャビンスクの生産炉（プルトニウム生産）もF1と同様の仕様とされた。少数の科学者と多くの囚人と優秀なスパイにより完成した。鉄条網に囲まれた囚人で構成される「労働者の天国」で2基の原子炉が動き出した。囚人たちは1日一切れの黒パンで生き延びていた。

　1947年、米国でスパイ狩りが始まった。粛清を免れた囚人も不足する奴隷労働に回された。原子力には、囚人労働の絶えざる供給が必要であった。ハンフォードと同様に、マヤークの再処理工場は2億キューリーの放射能を周囲に放出し、数百km²の居住不能な地区を生み、ハンフォードで使われた黒人、メキシカン、囚人に代わって、マヤークでは流刑者、政治犯が無期で投入された。捕虜となったドイツ人も含まれていた。チェルノブイリを上回る汚染地帯で死んでいった。

2.4. 冷却水停止に伴う硝酸塩の爆発

　ウラル山脈南部、産業都市チェリャビンスク近郊のマヤークにはドイツ人捕虜収容所があった。無期労働者の半数はドイツ人捕虜で賄われ、残りは在監者、流刑者が労働力となった。プルトニウム型原爆の生産に必要な原子炉5基と再処理工場が建設された。ハンフォードの核処理工場がモデルとされた。原子炉から取り出された使用済核燃料は、再処理工場に送り込まれ、ウラン、プルトニウム、セシウムが分離される。排気、排水は無処理で排出された。世界第4位の大河川、オビ川の支流テチャ川とカラチャイ湖に放流された。放流は1954年末ま

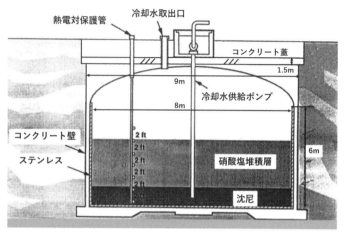

図 4　放射性廃棄物貯蔵地下タンク
最低爆発温度：340 度、最高温度：57 度で管理された。
タンクは 2 基で 10 列、20 基を単位に全 60 基あった。

図 5　地下タンクの通路（広河、1992）

で続けられた。硝酸に溶解された高レベル廃棄物はさらに 1.6
km 離れた地下タンクに貯蔵された。放射能の発熱は冷却水で
冷やされ、タンクはステンレスが内張された、内径 8m、高さ
6m の円筒形のコンクリート製（外径 9m、壁厚 60cm）で、コン

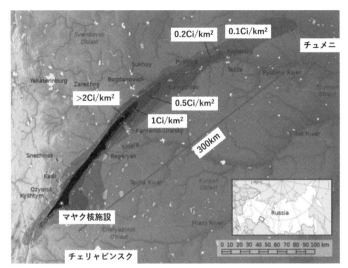

図6　マイアックの高レベル廃液貯蔵タンク爆発による汚染

クリート製屋根（厚さ150cm、重量160トン）がかぶされていた。この空間に水が充填され、循環していた（図4参照）。1956年夏、冷却水配管の漏水が始まり、ポンプが止められた。タンクは300㎥の容量で全60基あった。事故タンクには250㎥の高レベル硝酸溶液があった。温度上昇が1年間、放置された。内タンクの壁面で硝酸塩の析出が始まった。

　1957年9月29日4時20分、原子力軍事史上最大の事故が起こった。

　事故の原因は、冷却水停止によるタンク温度上昇で、硝酸塩の析出、熱分解、爆発と考えられる。硝酸塩の中で、100度以下で発火するのは、硝酸ロジウム（50度）、硝酸パラジウム（45度）、硝酸銅（70度）、硝酸亜鉛（35度）である。廃棄物の中で存在量が多いのは、硝酸ストロンチウム（イットリウム）5.4%、

硝酸セリウム 66％、硝酸ジルコニウム（ニオブ）24.9％であった。これらが酸化剤として、爆発に寄与した。冷却水停止に伴う温度上昇で、硝酸塩の中で、硝酸ストロンチウム、硝酸セリウム、硝酸ジルコニウムが爆発に関与した。 TNT70〜100 トンと推定された。ソ連のウラン沈殿法である酢酸法で、酢酸塩も存在していた。硝酸塩は約 0.5 トンが爆発に寄与したと推定される。

　中心から 130m の位置で毎秒 1000000μR（36Sv/h）、400 mの地点で毎秒 200〜400μR（0.72~1.44Sv/h）、大気中には 2000万キューリー放出した。高度 1000m に放射能雲が形成され、10m/s の南西風で、北および北東に移動した。水域には 12 億キューリーが排水された。幅 6km、延長 50kmの帯状に、厚さ数cmの死の灰が積もった。事故の処理には、7500〜25000 人が参加した。病院には瀕死の患者であふれていた。その後、兵士は除隊し、囚人は釈放されたが、92％はその後不明者になった。住民も 1 万人以上が退避、病院に向かった。1960 年、村は地図から消えた。詳細はいまだに不明である。

参考文献

Z.A.Medvedev, *Nuclear disaster in the Urals*, W.W.Norton & Com., 1979.

広河隆一、沈黙の未来、新潮社、1992.

広瀬隆、赤い楯、集英社、1991.

R. Rhodes, *The making of the atomic bomb*, 1986.（日本語訳：原爆の誕生、紀伊国屋書店）

J.E.Haynes, H.Klehr, *Venona: Decoding Soviet espionage in America*, Yale University Press, 1999.（中西照正監訳、ヴェノナ、解読されたソ連の暗号とスパイ活動、扶桑社、2019.）

Rovinsky, F.Y., Calculation method for the distribution of radiactive contamination in the water and bottom deposits of non running water lakes, *Atomic Energy*, 18, 4, 379-383, 1965.

Ilenko,A.I., Accumulation of strontium 90 and cesium 137 by fresh water fish, *Problems of Ichthyology*, 10, 6, 1127-1128, 1970.

R. Rhodes, *Dark Sun, The making of the hydrogen bomb*, Simon & Schuster, 1995.

K. Brown, *Plutopia*, Oxford, 2013.（プルートピア、講談社、2016）

3. チェルノブイリ原発事故

　チェルノブイリ原発は、1986年4月26日1時23分、4号炉で爆発事故を起こした。大気中に240億キューリー、10トンの放射性同位体を放出した。主な汚染地域だけでも東西950

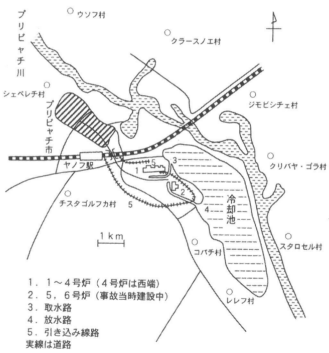

図1　チェルノブイリ原発位置図（今中、1998）

1．1〜4号炉（4号炉は西端）
2．5，6号炉（事故当時建設中）
3．取水路
4．放水路
5．引き込み線路
実線は道路

ブリピヤチ川
ウソフ村
クラースノエ村
シェベレチ村
ジモビシチェ村
ブリビャチ市
ヤノフ駅
クリバヤ・ゴラ村
チスタゴルフカ村
冷却池
コバチ村
スタロセル村
レレフ村

1 km

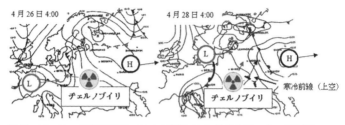

図2　ヨーロッパの天気図（左：1986年4月26日、右：28日）

km、南北400kmに及ぶ（藤田、1992）。深刻な汚染となった原因は、当時の気象にあった。当時の気象データを基に、汚染の原因を考察する。

　気象データとして、欧州天気図（1986年4月26日〜5月10日）、ベラルーシの風向、風速、降雨データ（1986年4月26日〜5月7日）を使用する。天気図からは、南北に1200kmのびる停滞前線がヨーロッパ大陸を蛇行して、東に進んでいた。4月26日4：00にウィーンに停滞した前線は4月28日4：00にもウィーンにあった。チェルノブイリで発生した放射能は西に向かった。これが、乾性沈着（無降雨での放射性同位体の地表面への落下）になった。それがウィーンまでの大規模な汚染となり、4月27日には北のフィンランド、スウェーデンにも達した。しかし、汚染を決定づけたのは、この南北にのびる停滞前線ではなく、チェルノブイリ近傍で生成した上空の寒冷前線であった。チェルノブイリからの放射能雲と4月28日4：00〜12：00にぶつかった。つまり、ベラルーシ上空で、放射能雲が北上し、上空の寒冷前線と衝突し、降雨とともに放射性物質が落下した（湿性沈着）。これが最大の汚染となった原因である。東西770kmの寒冷前線（上空）の通過に伴い、12mm〜15mmの降雨（驟雨）が4月28日早朝、放射能とともに降った。

図3 チェルノブイリ東部上空に生成した寒冷前線
(1986年4月28日4:00)。

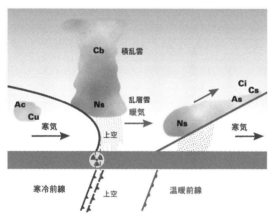

図4 寒冷前線。前線上に積乱雲が生成し、激しい雨が降
る。原発が低気圧。

　低気圧の移動に伴い、チェルノブイリの風向は東風から南風
に変化した。この過程で、南東風でスウェーデン、フィンラン
ドに放射能がもたらされた。高度1500m付近のPM10（粒径10
ミクロンの粒子）にピークを持つ放射性粒子が飛来した。

28日4：00にチェルノブイリ近傍を通過した寒冷前線（上空）が、南風で北上する放射能粒子を激しい降雨で落下させた（図3参照）。ゴメリに3：00、チェチェルスク4：00、スラブゴロド5：30、モギリョフ6：00に、それぞれ寒冷前線が通過し、激しい降雨をもたらせた。降雨継続時間は1時間であった。低気圧がレニングラードに接近し、風向は西風に変化し、ロシア上空、モスクワ南方に放射性粒子が向かう。寒冷前線は28日9：00〜12：00、モスクワに向かった。これにより、モスクワ南方に放射性粒子が落下した。

　寒冷前線は、低気圧の生成に伴い、暖気団と寒気団の境界上に温暖前線とともにできる。寒冷前線上には、積乱雲が生成し、激しい降雨がもたらされる。チェルノブイリ原発自体が低気圧

図5　チェルノブイリ原発の放射能汚染と生成した寒冷前線

になったことが示唆される。モギリョフでは「4月28日の午前5時半ごろから6時半頃にかけて、激しいにわか雨が降った」（藤田、1992）。「ピンポン玉大の雹」であった。

　藤田（1992）の気象データから、4月26日〜28日に発生した放射能汚染の計算を試みた。気象データとして、欧州天気図（1986年4月26日〜5月10日）、ベラルーシの風向、風速、降雨データ（1986年4月26日〜5月7日）を使用した。乾性沈着の拡散高度として、1000 mと1500 mを選択した。湿性沈着の高度は1000mだけにした。ストークスの式を使うと、粒径ごとの落下速度が求められる。スウェーデンとフィンランドでは事故の翌日には、放射能が観測された。すなわち、24時間、あるいは48時間で地表に落ちる粒子が観測されたことになる。乾性沈着あるいは湿性沈着が問題になるには、飛来高度が少なくとも1000 m〜3000mの範囲になければならない。また、チェルノブリに近いブラーギンにおける4月26日〜4月28日の平均風速は1.9m/sであった。風速は高度に依存し、高度とともに増加する。実際の観測値から推定される。これらを総合すると、以下のことがわかる。

(1)　放射性粒子はPM10、すなわち、粒径は10ミクロンが中心である。
(2)　飛来高度は1000m〜1500mが中心である。
(3)　風向は高度の増加で、北側にシフトし、4月27日には南東風が中心であった。

　以上のことを踏まえて、粒子モデルで計算した結果を図6に示す。
　図6から、汚染の深刻な国は、ベラルーシ、ウクライナ、

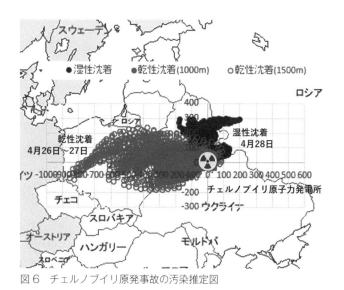

図6　チェルノブイリ原発事故の汚染推定図

ポーランド、ロシアであることがわかる。乾性沈着は、4月26
日〜27日チェルノブイリの西側1000kmにわたっていた。汚染
の中心は、高度1000m付近を飛来した放射性粒子である。湿
性沈着は、4月28日3：00〜12：00に集中し、南風が3：00〜
6：00、西風が6：00〜12：00に卓越し、ベラルーシ東南部に
生成した寒冷前線により、ベラルーシ東部のゴメリ、チェル
チェスク、スラブゴロドを極めて深刻に汚染した。次いで、モ
スクワ南方のロシア南西部が深刻な汚染をした。寒冷前線では、
前線付近に積乱雲が生成し、1時間ほどの豪雨（驟雨）が発生
する。雹を伴っていた。高度3000m以下の浮遊粒子をすべて
落下させる。これが、チェルノブイリ原発事故で起きた汚染の
全貌である。原発事故が気象を変えて、局所的な低気圧と寒冷
前線を生成させ、深刻な放射能汚染をもたらした。広島の原爆
投下で、巨大な積乱雲と黒い雨といわれる豪雨をもたらしたこ

とと対比できる。原爆は局所的な低気圧と積乱雲、雷雲を生成した。気象を変えたのである。その意味で、原爆と原発事故は気象を変える事象であり、深刻な放射能汚染をもたらす。乾性沈着と湿性沈着という2種類の汚染形態を示す。湿性沈着は継続時間1時間の雷雨によって進行する。

参考文献

今中哲二、チェルノブイリ事故による放射能災害、技術と人間、1998.

藤田祐幸、チェルノブイリ原発事故による放射能影響、慶應義塾大学日吉紀要・自然科学、11、39-73、1992.

瀬尾健、今中哲二、小出裕章、チェルノブイリ事故による放出放射能、科学、58、2、108-117、1988.

気象ハンドブック編集委員会、気象ハンドブック、1979.

4.　福島原発事故

4.1　2人の官僚による隠蔽

　2011年3月11日、東日本大震災が発生した。福島第一原発が炉心溶融事故を起こした。3月12日15時36分、1号炉の水素爆発、3月14日11時0分、3号炉の爆発、3月15日6時10分、2号炉の爆発、20時0分、4号炉の爆発、3月16日5時45分、3号炉爆発と5回の水素爆発があった。チェルノブイリ原発同様に、爆発直後に放射能汚染が始まった。同時に政府による放射能汚染の隠蔽が始まった（小川ほか、2018；小川・桐島、2019）。

　3月24日〜30日に政府による甲状腺内部被曝が測定された。この結果、「被災した人たちの甲状腺被曝は少ない」「甲状腺がんが増えるとは考えにくい」と結論された。しかし、その実態は、文科省と経産省官僚による完璧な隠蔽工作による結論であった。隠蔽の黒幕は、経産省の西本淳哉技術総括審議官と文科省放射線医学総合研究所の明石真言緊急被ばく医療研究センター長であった（榊原、2021）。この疑念は、徳島大学の誉田栄一教授と佐瀬卓也講師による指摘であった。3月14日の爆発直後、双葉町で被曝した11歳の少女の髪から、100mSvを超える線量が計測された。甲状腺付近からも同様の高線量（数10kBq）が計測された。福島県会津保険福祉事務所の井上弘主任放射線技師による計測だった。

　放医研の保田浩志は、3月20日から現地本部医療班にいた。3月24日から甲状腺被曝測定が始まった。「チェルノブイリは

甲状腺透過線量の平均が 500mSv」、福島は 3 基の原子炉の爆発で、その 3 倍、「1.5Sv」と推定された。「数万人規模の測定が」予想され、「チェルノブイリ並み」と考えていた。放医研医療班長の立崎英夫医師も「避難を考えないといけない」、「いつ大量放出になるか」と考えていた。

　しかし、当時、山下俊一長崎大学教授は「放射線の影響は、実はニコニコ笑っている人には来ません」と 3 月 21 日午後 2 時に福島市内で講演を行っていた。同教授は福島県の放射線健康リスク管理アドバイザーについていた。放医研医療班との議論では、「小児の甲状腺被曝は深刻なレベルに達する可能性があり、それを防ぐための対策が必要」と同夜、山下教授は述べて、完全に意図的な隠蔽をしていた。むしろ 20km 圏内の住民の被曝を憂慮していた。

　放医研の保田浩志は、20〜30km 圏に対し、「医療班では、圏内にとどまっている小児や胎児のヨウ素 131/132 による被ばくに注目しており、正確な線量評価と迅速な対応の実施が必要ではないかと考え、原子力安全委員会と意見交換して」いる。「30km 圏外に避難させるか、議論し」た。山下教授もまた「チェルノブイリと同じようなことになる」との認識であった。「さらなる避難」を話していた。しかし、福島県の幹部から「市民に向けて、心配ない旨、話を」依頼された。県より「隠蔽」の要請があったのである。

　3 月 22 日、文科省により、第一原発から 25km 南の地点で 5600Bq/㎡のヨウ素が 3 月 21 日、観測されたと発表された。放医研放射線防護研究センターにより、甲状腺等価線量は、68mSv/day と推定された。3 月 14 日の時点では、半減期から 136mSv/day であったことがわかる。甲状腺がんの基準とされた数値が 100mSv であり、強度の汚染が原発から北西に 45km

であることを考えれば、実際には、45km圏内にヨウ素による被曝が基準を超えていたことは明らかだ。文科省、放医研はこの事実を把握していたにもかかわらず、無視した。すなわち、50km圏内の住民の避難が要請されねばならなかった。当然、住民の線量計測も行なわなければならなかった。しかし、実際の計測を行なったのは、30km以上の地域で行なわれた。30km圏内の住民は無視された。結局、1080人の計測で終了した。保田の予定した数万人計測は消えた。

　放医研の保田浩志の発言は、放医研の明石真言センター長により完全に封じ込められた。担当は放医研の富永隆子医師に替えられた。3月30日、計測は終了した。

　ところが、弘前大学の床次眞司教授のグループが4月12日から甲状腺被ばく測定を独自に始めた。原発から30kmの浪江町津島地区で計測した。福島県から「不安をあおる」として中止命令が出た。津島地区は17人で検査を終了させられた。福島市内の45人を含め、62人であった。最後の爆発から、30日経過し、ヨウ素の強度は7.4%にまで低減していたが、十分計測はできた。等価線量は最大33mSvであった。爆発直後であれば、446mSvであった。原発から北西30kmの地点でも、甲状腺がんで、発症の水準を優に超えていたのである。

　測定の現場では、ヨウ化ナトリウム・シンチレーションカウンターとGMサーベイが主に使用されたが、スペクトロメータはなく、必ずしも正確な計測は行なわれなかった。

　民主党政権は、2人の官僚（西本淳哉技術総括審議官と明石真言緊急被ばく医療研究センター長）と福島県により、極めて深刻な事態が隠蔽され、初動に重大な誤りを犯してしまった。被爆者は双葉地区を中心に12万人、そのうち、1万人が深刻な汚染を受けていた。GMサーベイメータは10万cpmを超え、針が

完全に振り切れた、強度の被曝者だけが検査対象になった。多くの被爆者は除染もされずに帰された。放医研は組織として極めて悪質な犯罪行為を行なっていたのである。

4.2 福島の放射能汚染のピーク

　福島の放射能汚染はいつ起きたのか。繰り返すが、3 月 12 日 15 時 36 分、1 号炉の水素爆発、3 月 14 日 11 時 0 分、3 号炉の爆発、3 月 15 日 6 時 10 分、2 号炉、同 20 時 0 分、4 号炉の爆発、3 月 16 日 5 時 45 分、3 号炉爆発と 5 回の水素爆発があった。しかし、航空モニタリングの空間線量は、南東風下の 2 回の水素爆発で生成した汚染が該当する。3 月 12 日 15：36 の水素爆発では、17：00 までの 1 時間半であり、3 月 15 日 20：00 の水素爆発では、24：00 までの 4 時間であった。この間、国道 114 号線で福島を目指した住民が被曝した。他の水素爆発は、西、北北東、北風であり、避難中の住民は被曝していない。しかしながら、同じ南東風でも 3 月 15 日 20：00 の放出が決定的であったことが示唆される。

　すなわち、3 月 12 日から 16 日までの間、降雨があったのは 3 月 15 日の深夜であったことだ。福島気象台の降雨は、3 月 15 日 17：00〜16 日 3：00 である。さらに、3 月 16 日 2：00 には雪に変わっていた。風は 3 月 16 日 0：00〜3：00 では微風であった。放射能汚染は国道 114 号線を双葉町から福島市に向けて北西に伸びている。ここで、この前後の天気図を図 4 に示す。

　3 月 15 日 9：00 の天気図では福島は低気圧に覆われており、北西風が流れている。3 月 16 日 9：00 の天気図では、低気圧が太平洋に南下し、気圧がさらに低下して、寒冷前線が現れている。低気圧は南南東に進行している。寒冷前線の福島通過は 3 月 15 日 23：00 ごろであると推定できる。

表1　水素爆発と放射能汚染

日時	原子炉	最大線量	時間遅れ	排出放射能	風向
3/12, 15: 36	1	1204 μSv/h	16h57m	4.3x10^{2}TBq	南南東
3/14, 11: 00	3	3130 μSv/h	11h37m	2.3x10^{4}TBq	西
3/15, 6: 14	2	11992 μSv/h	2h46m	4.3x10^{3}TBq	北北東
3/15, 20: 00	4	8124 μSv/h	3h30m	2.9x10^{3}TBq	南東
3/16, 5: 45	3	10850 μSv/h	6h45m	3.9x10^{3}TBq	北

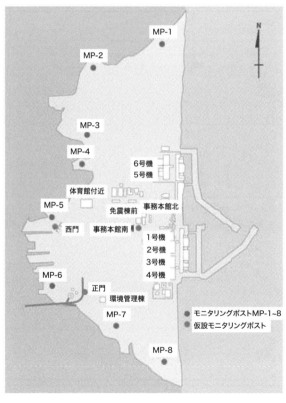

図1　福島第一原発とモニタリングポスト

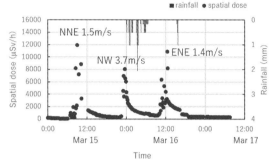

図2　福島第一原発の空間線量と降雨の時系列

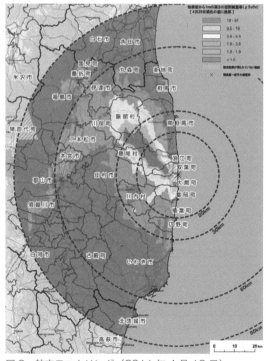

図3　航空モニタリング（2011年4月19日）

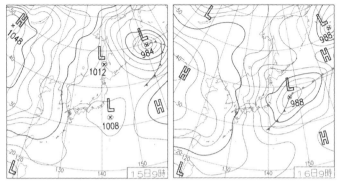

図4　2011年3月15日〜16日の天気図

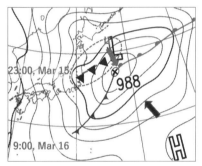

図5　3月15日23：00の推定天気図

　寒冷前線は3月15日23：00に福島を通過した（図5）。降雨は、寒冷前線に伴い、3月15日23：00ごろ、発達した乱層雲（雷雲）によってもたらされた。この時間帯の降雨レーダを見てみる（図6）。23：00のレーダ雨量には明確な寒冷前線による線状降水帯が存在する。23：20には、乱層雲の中心は、10mm/hの強度に達している。福島の汚染は、23：00〜23：40の40分間の集中豪雨によってもたらされたといえる。豪雨は、南東に10km/hで進んだ（図7）。中心の強度は10mm/hであった。

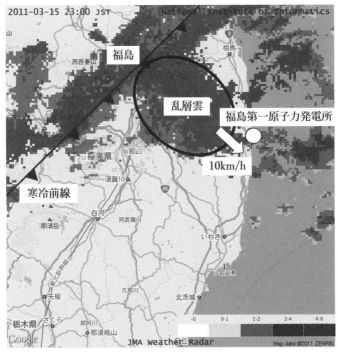

図6　降雨レーダ（3月15日23：00）。福島市に寒冷前線、原発に向けて乱層雲。

　降雨の中心は、原発と福島市を結んだ国道114号線上を南に進んだ。23：00〜23：40に福島を通過した。一方、放射能を含む南東風は、20：00から24：00までの4時間であった。すなわち、23：00〜23：40の間、放射能を含む南東風と寒冷前線に伴う豪雨が原発と福島市を結ぶ国道114号線上で衝突した。それが、空間モニタリングに示された原発から福島市に伸びる強い汚染であった。

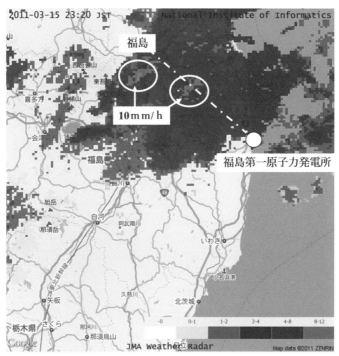

図7 降雨レーダ（3月15日23：20）。寒冷前線が南東に向かう。

4.3 福島の湿性沈着と乾性沈着

次に、気象データから粒子モデルで計算した、福島原発の湿性沈着と乾性沈着の汚染結果を図8に示す。

両者から、20km圏が乾性沈着と湿性沈着による汚染であるのに対して、その外側の60km圏が湿性沈着のみによる汚染であることがわかる。浪江町津島地区は、主として、3月15日18：00より降り始めた降水（降雪）により強く汚染された地域

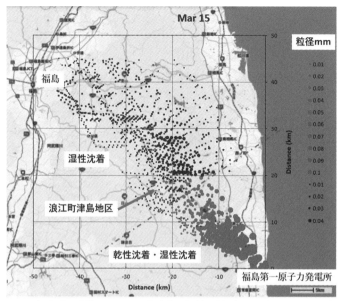

図8　福島原発事故における湿性沈着と乾性沈着（2011年3月15日）

である。弘前大学の床次眞司教授のグループによる住民の被曝調査を中止命令した福島県は、犯罪といってよい。モニタリングでは19〜91μSv/hを示しており、住民は、ヨウ素131、セシウム137による内部被曝をした。

　なお、5回の水素爆発にもかかわらず、天気図にその影響は認められなかった。3月15日に寒気団が福島に接近し、低気圧を発達させ、雨ついで雪が総雨量15㎜降った。寒冷前線とそれに伴う乱層雲がこの汚染を規定した。4号炉の爆発に伴い排出された放射性粒子と18：00以降に上空1000m付近で衝突し、湿性沈着した。放射線の強度はそれまでの乾性沈着を上回った。福島第一原子力発電所は、繰り返し、爆発し、3月中、放射性同位体を排出し続けた。汚染の中心は福島市までの国道

114 号線であった。3 月 15 日深夜に降った豪雨により、そのほとんどの汚染が決定された。わずか 40 分継続した豪雨によるものである。その間、乾性沈着は等方的に連続分布し、原発中心から正規分布ないし対数正規分布として表われた。しかし、3 月 15 日に低気圧が発達し、寒冷前線が現われ、福島市から南東に向かった乱層雲（雷雲）が、豪雨をもたらし、浮遊する放射性同位体を地表に落下させた。これが福島原発事故の最も深刻な汚染となった。

参考文献

小川進、有賀訓、桐島瞬、放射能汚染の拡散と隠蔽、緑風出版、2018.

小川進、桐島瞬、福島原発事故の謎を解く、緑風出版、2019.

榊原崇仁、福島が沈黙した日、集英社新書、2021.

齋藤恵介、粒子モデルによる福島第一原子力発電所の放射能汚染機構の推定（学位論文）、長崎大学、2017。

付録 1　福島第一原発の汚染の時系列（齋藤、2017）

　福島の放射能汚染は、3 月 15 日 23：00〜23：40 の間、放射能を含む南東風と寒冷前線に伴う豪雨が原発と福島市を結ぶ国道 114 号線上で衝突した。それが、空間モニタリングに示された原発から福島市に伸びる強い汚染であった。しかし、放射能の放出はその後、3 月 30 日まで継続した。原子炉がメルトダ

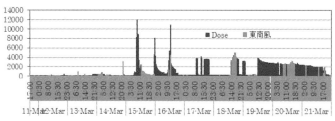

図A1　福島第一原子力発電所の放射能汚染の時系列

ウンし、外部への流出が続いたためである。

　3月30日までの粒子モデルによる汚染シミュレーションを全て確認したが、国道114号線上の汚染はなかった。したがって、現在に至るこの深刻な汚染は、3月15日23：00〜23：40の間、寒冷前線に伴う乱層雲（雷雲）がもたらした降雨強度10mm/hの豪雨によるものである。

5. 核燃料サイクルの建設と裁判

5.1. 下北核半島の悲劇

　1969 年 3 月、日本工業立地センター（1962 年 1 月 10 日設立）により、青森県六ケ所村が原子力の中心地として指定された。青森県の意図とは別に国家戦略として、既存の軍事基地とともに、エネルギーの主力基地の建設が進められていくことになった（鎌田・斉藤、2011）。最新鋭の F16 が 80 基配備された、まぎれもなく、北の防備の中心基地でもあると同時に、エネルギーの基地としても以後、建設が進行していくことになる。

　1969 年 5 月、新全国総合開発計画が閣議決定された。むつ小川原湖開発が始まった。

　国道 338 号から 279 号に伸びる「原子力街道」には、原子力発電所、核燃料再処理工場、使用済核燃料中間貯蔵施設が並ぶ。その前年、原子力船むつが、着工、翌 1969 年 6 月 12 日、進水した。その後、1974 年、出力試験中に放射線漏れが発生、「放浪」が始まり、最終、1995 年、解体に至る。

　むつ小川原湖開発もまた、むつ同様、放浪が始まる。その中心に、猛毒プルトニウムを生産する再処理工場がある。1 基の原発が 1 年間に排出する放射能を 1 日で排出する、まさに「殺人工場」である。

　第 2 の挫折は国家石油備蓄基地であった。核の本性を隠して、次に登場したのが、石油コンビナートとしての巨大石油基地計

図1　下北核半島（鎌田、斉藤、2011）

画であった。新全総による「むつ小川原開発」が登場し、3万ヘクタールの用地買収、1万5000人の立ち退きが提案された。むつ湾と小川原湖周辺に石油コンビナートと造船所を配置するものであった。1973年、オイルショックで計画はご破算となる。2800ヘクタールの工業用地は、日本原燃に750ヘクタール、国家石油備蓄基地に260ヘクタールが売却された。開発主体の

「むつ小川原開発株式会社」は、売れ残った膨大な土地を抱え、1995年当時で2400億円の赤字となった。むつ小川原国家石油備蓄基地は、1979年、計画が発表され、1985年9月、完成した。117名の社員で構成され、備蓄される石油は貯蔵されるだけの動かぬ資産となっている。巨大開発は幻想に終わり、最後に日本原燃による再処理工場が登場した。幾多の反対運動のトリは、再処理工場計画と向かい合うことになった。

5.2. 再処理工場の歴史

　核燃料の再処理は、第2次大戦の米国のマンハッタン計画（1942）に始まる。シカゴ大学のフェルミによるパイルという原子炉で生成されたプルトニウムに対して、リン酸ビスマス法による分離工程を確立し、ハンフォードでプルトニウムの大量生産を開始した（1945）。当初の計画では、ウラン精錬から、5つの方法でウラン235を分離する予定であった。すなわち、遠心分離、気体拡散、電磁分離、熱拡散によるウラン235の濃縮、パイル炉からのプルトニウムの分離で、同時に開発された。

　ハンフォードでプルトニウムの量産における、プルトニウムの分離こそが再処理工程である。当時、4国が同時に原爆開発を行っていた。英米が共同開発、日独では、ドイツからウランの提供があった。初期予算は、米国が20億ドル、ドイツが1億マルク、日本が2000円であり、おおよそ、373：15：1の差があった。日本は理研・東大のグループ（陸軍）と京大・阪大のグループ（海軍）が担当した。理論計算では、全く互角であった。日本は湯川秀樹ほかが担った。英米との決定的な違いは、予算、資源、工業力であり、フェルミの原子炉からのプルトニウム分離工程であった。すなわち、再処理工程であった。ハンフォードは世界初の再処理工場であった。日本はウラン結

晶を 130 グラム生成した時点で終了した。ソ連は英米の原子力技術を完全にコピーする。ウラル南部に軍事用再処理工場を計画する。戦後、流刑囚と犯罪者と軍による再処理工場建設が始まる。

　リン酸ビスマス法は、プルトニウムの回収率が 95％、除染係数 107 であるが、ピュレックス法は、回収率 98.5％、除染係数 107～108 であり、現在、後者に代わっている。除染係数は工程前後の放射能比であり、107 とは、放射能が最終段階で 1/107 になったことを示す。いずれも、大量の廃棄物を生成する。再処理工場で最も汚染するのが、最初のせん断溶解工程と次の分離工程である。溶解には濃硝酸（8 規定）が使用される。気体成分は主排気筒から排出され、固体成分と廃液成分は貯蔵される。廃液成分は硝酸溶液であり、再処理工場内で貯蔵される。最も放射能が強い、高レベル廃液である。硝酸濃度は 1 規定まで希釈されるが、広島型原爆に相当する放射能である。年間、空間線量は 20mSv を超え、労働者の大量被ばくが起こる。米国では、黒人、ヒスパニック、囚人が担当した。

　日本では、東海再処理工場が 1975 年よりウラン試験が開始され、1977 年、使用済み核燃料を搬入し、本格運転が行なわれた。1995 年、ガラス固化体の製造を開始した。1997 年 3 月 11 日、火災爆発事故が発生した。低レベル放射性廃液の固化体にアスファルトを使用したことで、火災が発生した。廃液に含まれる硝酸塩は、酸化剤であり、火薬の原料でもある。アスファルトは難燃材であるが、可燃物である。同工場は、六ヶ所村の再処理工場の建設に伴い、廃止の手続きとなった。

　1993 年 4 月 28 日、青森県六ヶ所村に再処理工場の建設が着工した。ウラン濃縮工場、低レベル放射性廃棄物埋設センター、高レベル放射性廃棄物貯蔵管理センターが併設されてい

る。2001 年 4 月 20 日、通水試験開始。2002 年 11 月 1 日、化学試験開始。2004 年 12 月 21 日、ウラン試験開始。2006 年 3 月 31 日、アクティブ試験が開始した。アクティブ試験終了は延期され、未定となった。2006 〜 2008 年度の使用済核燃料の再処理量は、425 トン（ウラン換算）であった。

再処理工場の構成は、搭類 139 基、槽類（タンク）1146 基、その他 65 基であり、配管延長が 1300km である。大部分がタンクである。操業が停止されている現在、タンクに放射能が約 3000 トン貯蔵されている状態である。申請された、主な放射能として、大気中に、クリプトン 85、トリチウム、炭素 14、ヨウ素 129（半減期 1570 万年）、ヨウ素 131 が排出され、太平洋の水域に、トリチウム、ヨウ素 129、ヨウ素 131 が排出とされている。

環境モニタリングによれば、2022 年、年間 180 回の放射能の放出が認められ、バックグランドの 10 倍の強度であり、青森県全体の空間線量が明らかに上昇した。隣接の岩手県、秋田県にまで汚染は広がっている。地質図から推定される、地下水流は、東西に敷地中央で分岐し、それぞれ、太平洋と陸奥湾に流出する。水の流出は、一般に、大気、水域、地下に均等に起こる。貯蔵されている放射性同位体もまた、3 経路で汚染が進行していることが示唆される。環境モニタリングは地上 1.5m にモニターが置かれ、放射能の検出は人間の被曝を意味する。敷地内のモニターでは高レベル放射性廃棄物貯蔵管理センターと再処理工場、高レベル廃液ガラス固化建屋がウラン濃縮工場の 200〜500 倍の空間線量が観測されている。

5.3. 六ヶ所村核燃料サイクル訴訟

ここで、六ヶ所村核燃料サイクル訴訟について、簡単に触れ

る。青森県六ヶ所村にある日本原燃のウラン濃縮工場、低レベル放射性廃棄物処分場、高レベル放射性廃棄物貯蔵施設、再処理工場（現在稼働前段階でウラン試験中）の4施設について事業許可処分等の取消・無効確認を求める行政訴訟である。1988年、弁護団結成。

　ウラン濃縮工場の裁判は1989年提訴、2002年3月15日に1審判決。2006年5月9日控訴審判決。2007年12月21日上告審決定で住民側の敗訴が確定した。

　低レベル放射性廃棄物処分場の裁判は2006年6月16日に1審判決。2008年1月22日に控訴審判決があり、2009年7月2日の上告審決定で住民側の敗訴が確定した。

　再処理工場、高レベル放射性廃棄物貯蔵施設についての2つの裁判は青森地裁で審理中。なお、高レベル放射性廃棄物貯蔵施設の設計及び工事方法認可に対する異議申立について2008年2月29日に口頭審理が行なわれ、ウラン濃縮工場・低レベル廃棄物処分場・再処理工場の設計及び工事方法認可に対する異議申立について2008年9月10日に口頭審理が行なわれた。いずれも申立から10年以上旧科学技術庁・原子力安全保安院が放置していたものである。

　次項以下では同裁判で取り上げた諸問題を論じる。

参考文献

鎌田慧・斉藤光政、ルポ下北半島、岩波書店、2011。
日本物理学会、原子力発電の諸問題、東海大学出版会、1988.
リチャード・ローズ、原子爆弾の誕生、紀伊国屋書店、1995.

6. 石油備蓄基地火災による再処理工場への影響

6.1. はじめに

　六ヶ所村再処理工場は、石油備蓄基地に隣接しているにも関わらず、その危険性について、ほとんど触れられていない。石油基地の事故は少ないが、地震時には例外なく、事故を起こし、特に震度5以上で事故が起きている。タンク火災は、主として、タンク1基の全面火災の評価しかされていない。しかも、熱伝導のうちの輻射熱の評価のみである。そこで、今まで無視されてきた火災の危険性のうち、対流熱伝達を新たに加え、その計算結果として、再処理工場への影響と放射能汚染の可能性を示した。なかでも火災に対する再処理工場の弱点である管理棟の存在と有機溶媒火災による重大事故への危険性を考察した。

表1　主な地震と石油タンク事故

地震	日時	主な被害
関東地震 M 7.9、震度6	1923 年 9 月 1 日 11 時 58 分	横浜石油タンクが 12 日間火災。横須賀海軍重油タンクが 16 日間火災。
新潟地震 M 7.5、震度5	1964 年 6 月 16 日 13 時 1 分	昭和石油基地が爆発炎上。16 日間炎上、169 基中 138 基焼損。津波による海上流出。昭石の消防車 4 台に県内外から消防車 42 台が応援。

宮城沖地震 M 7.4、震度 5	1978 年 6 月 12 日 17 時 14 分	ガスホルダーが倒壊、炎上。製油所で重油の流出。
日本海中部地震 M 7.7、震度 3～5	1983 年 5 月 26 日 11 時 59 分	震度 5 の秋田市内の原油タンクが炎上。震度 3 の新潟市内の原油タンクがスロッシングから原油の溢流。
兵庫県南部地震 M 7.3、震度 6	1995 年 1 月 17 日 5 時 46 分	大型の LPG タンクより LPG 漏えい。169 基の製品タンクに損傷。消火ポンプ使用不能 3。
十勝沖地震 M 8.2、震度 5	2003 年 9 月 26 日 4 時 50 分	原油タンク 1 基、ナフサタンク 1 基が発火し、全面火災。190 基のタンクの 91 基が損傷。2 日間炎上。
東日本大震災 M 9.0、震度 5～6	2011 年 3 月 11 日 14 時 46 分	コスモ石油の LPG タンクが倒壊、爆発、11 日間炎上。JX の LPG タンクも爆発、5 日間炎上。

6.2. 計算方法

6.2.1. タンク火災の条件

タンク火災の条件を以下に示す。

⑴ 気象条件

六ヶ所村の気象条件は以下の通り（気象庁）。冬に西風、夏に東風が卓越する。

表 2　六ヶ所村の気象条件（2004～2013）

風向	平均風速	気温	降雨量
西 24.4%、西北西 20.0%、東南東 14.0%、東 10.9%	2.1 m/s	9.2 ℃	1418 ㎜

⑵ 危険物の総量

石油備蓄タンクは 11 万 kℓ×51 基、総量 561 万 kℓ である。敷

地面積 244ha である。原油は危険物第 4 類第 1 石油類（引火点
21 度未満）である。

表 3　石油類の引火点と発火点

品　　名	引火点　℃	発火点　℃
揮発油	−43 以下	390
灯油	30〜60	254
軽油	50〜90	−
燃料重油	60〜150	−
潤滑油	130〜350	225〜417
アスファルト	200〜300	−

⑶　消火施設の概要

表 4　石油備蓄基地の消火設備

設　　備	貯蔵基地	中継ポンプ場
消火用水貯水槽	54000㎥×1 基、3000㎥×2 基	23000㎥×1 基、2500㎥×1 基
消火ポンプ	600㎥/hr×4 台	600㎥/hr×2 台
大型化学消防車	1 台	
省力型大型高所放水車	1 台	1 台
泡原液搬送車	1 台	1 台
省力型甲種化学消防車	2 台	
乙種化学消防車	1 台	

表 5　石油備蓄基地の規模

項　　目	寸　　法
防油堤	165m/ 基
タンク直径	81.5m
タンク高さ	24m
最高液面高さ	21.6m
タンク貯留量	113000㎥
核燃料サイクル施設までの距離	1100m

6.2.2 輻射熱伝達

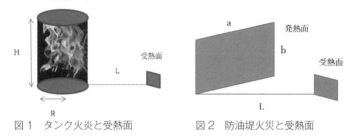

図1　タンク火炎と受熱面　　図2　防油堤火災と受熱面

受熱輻射量の計算は次式による。

$$E = \varphi \, R_f \,(\text{kcal}/\text{m}^2\text{hr})$$

ここで、E：輻射受熱量、R_f：輻射発散度、原油の場合、36000 kcal/m²hr である。φ：火炎の形状係数であり、無風時の火災ではタンク火炎は円筒として、次式で与えられる（図1参照）。

$$\varphi = \frac{1}{\pi Y}\tan^{-1}\left[\frac{X}{\sqrt{Y^2-1}}+\frac{X}{\pi}\left\{\frac{A-2Y}{Y\sqrt{AB}}\tan^{-1}\sqrt{\frac{A(Y-1)}{B(Y+1)}}-\frac{1}{Y}\tan^{-1}\sqrt{\frac{Y-1}{Y+1}}\right\}\right]$$

ただし、R：火炎の半径、L：火炎の中心から受熱部までの距離、$X=H/R$, $Y=L/R$, $A=(1+Y)^2+X^2$, $B=(1-Y)^2+x^2$ である。ここでは、$R=40.75$m、$H=138.55$m、$L=1100$m である。$X=3.4$ である。

防油堤火災の場合、発熱面を長方形として、形状係数は次式で与えられる（図2参照）。

$$\varphi = \frac{1}{2\pi}\left\{\frac{b}{\sqrt{b^2+l^2}}\tan^{-1}\frac{a}{\sqrt{b^2+l^2}}+\frac{a}{\sqrt{a^2+l^2}}\tan^{-1}\frac{b}{\sqrt{a^2+l^2}}\right\}$$

ただし、a：防油堤の延長、b：火炎の高さ、l：火炎の中心

から受熱部までの距離である。

また計算にあたって、木造家屋が延焼する限界として 4,000 kcal/m²hr、人間が接近できる限界として 1,080 kcal/m²hr とした。

消防研究所研究資料（1999）によれば、直径 D = 80m の石油タンクの火災時の諸元は表6のようになる。

表6　石油タンクの火災時の諸元（直径 D = 80m）

輻射発散度	燃焼速度	火炎高さ H/D	火炎表面温度
100 kW/m²	4.2mm/min	1.9	1100〜1200℃

タンク火災の火炎の鉛直軸の傾きは、風速に依存し、同資料を用いれば、以下の実験式が得られる。

$$\theta = 24.4\ln w + 31.2 \ (\text{r}^2 = 0.8054)$$

ここで、θ：鉛直軸の傾斜角、w：風速（m/s）である。

また、火炎高さは次式から求められる（日本火災学会、2005）。

$$H = 0.03\left(\frac{Q}{D}\right)^{2/3}$$

ここで、H：火炎高さ（m）、Q：熱量（kW）、D：火源径（m）である。熱量は輻射発散度に火炎断面積をかけて求める。

消防研究所研究資料（1999）のタンク火災実験結果からは次式が求まる。

$$H = 1.94D - 4.93$$

これより、火炎高さは無風時には以下のようになる。計算にはこの結果を使用した。

タンク1基：150 m

タンク1基防油堤火災：315 m

タンク4基防油堤火災：635 m

石油備蓄基地全面火災：955 m

6.2.3. 対流熱伝達

　タンク火災時の風による対流熱伝達を線熱源によるものとして次式で計算する。

$$T - T_e = \frac{q}{2\sqrt{\pi}\,\rho\,c_p\,(aux)^{1/2}}\,exp\left(-\frac{uy^2}{4ax}\right)$$

　ただし、q：線熱源の単位長さ当たり単位時間当たりの発熱量、T：風下温度、T_e：気温、ρ：空気密度、c_p：定圧比熱、a：熱拡散率、u：風速、x：風下方向の距離、y：風下に水平方向の距離である。表5、6の条件で計算する。タンクは16日間火災を少なくとも継続すると仮定する。

　過去の地震時のタンク基地火災では、16日継続した事例があり、六ヶ所村の気象記録を参照すると、西北西風が10月〜5月にかけて継続して長期にわたり吹いている。

6.2.4. 放射能汚染

　石油備蓄基地が火災となり、隣接する再処理工場に熱流束と輻射熱により、人間が接近できる限界の 1,080 kcal/㎡hr を超え、運転不能に陥り、放射性同位体の漏えいによる放射能汚染を推定する。タンク基地の火災事故は地震に伴い、発生し、しばしば消火不能に陥る。16日間継続した火災もあり、いったん発火すると周辺への延焼で大火災へと進展する可能性が高い。再処理工場は消防法に規定する危険物を大量に扱い、引火や発火の可能性が高く、同時に多くの工程が人間なしには成り立たない。電源喪失や冷却不能となった放射性同位体の処理工程は、発熱し、火災・爆発事故に直結する。福島第1原子力発電所と同規模の放射能性同位体の漏えいが起きたとして、汚染を算定

する。

　再処理工場からの放射能の漏えいを粒子モデルで汚染を算定する。漏えいした放射性物質は空中に浮遊する砂の微粒子にとらえられ、この粒子が放射性同位体を伴い、風によって拡散し、ストークスの式に従い落下したとする。

$$v_s = \frac{D^2 (\rho_p - \rho_a)}{18\mu}$$

　ここで、v_s：落下速度（m/s）、D：粒子の直径（m）、ρ_p：粒子の密度（2650 kg/㎥）、ρ_a：空気の密度（1.225 kg/㎥）、μ：粘性係数 18.2×10^{-6} Pas である。

　ここでは、2011 年 3 月 26 日の気象データアーカイブより、汚染粒子の軌跡を以下の初期条件で求めた。時刻 0：00〜5：00、粒径 0.01〜0.1mm、初期高度 50、100、150、300、450、550、700、800、900、1000、1250、1500、2250、3000 m とした。落下点での粒子密度を福島の事例を参考にして、粒子 1 個/㎢＝ 2μ Sv/hr とした（Ge, Ogawa, 2015）。

　2011 年 3 月 26 日 0：00〜5：00 の気象条件は、平均風速 0.9 m、平均風向 54°、降雨量 2 ㎜である。

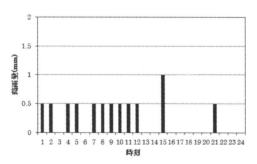

図 4　3 月 26 日の降雨

6.3. 計算結果

6.3.1. タンク火災

タンク1基の火災の輻射熱の距離に対する変化を図5に示す。

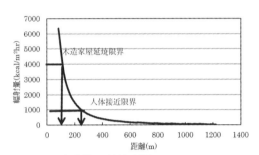

図5　タンク火災の受熱輻射量

人体接近限界 (1,080 kcal/㎡hr)：237 m
木造家屋延焼限界 (4,000 kcal/㎡hr)：110 m

6.3.2. 防油堤火災

タンク1基の防油堤火災の輻射熱の距離に対する変化を図6に示す。

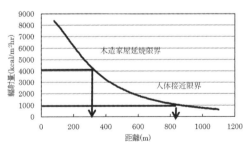

図6　防油堤火災（タンク1基）

人体接近限界 (1,080 kcal/㎡hr)：827 m

木造家屋延焼限界（4,000 kcal/m²hr）：336 m

タンク4基の防油堤火災の輻射熱の距離に対する変化を図7に示す。

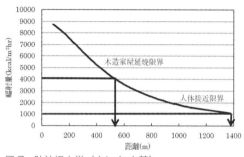

図7　防油堤火災（タンク4基）

人体接近限界（1,080 kcal/m²hr）：1375 m
木造家屋延焼限界（4,000 kcal/m²hr）：540 m

6.3.3. 全防油堤火災

石油備蓄基地の全防油堤火災の輻射熱の距離に対する変化を図8に示す。

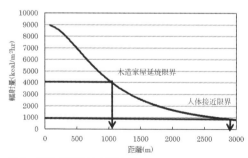

図8　石油備蓄基地全面火災

人体接近限界（1,080 kcal/㎡hr）：2574 m

木造家屋延焼限界（4,000 kcal/㎡hr）：1049 m

以上の結果をまとめると、表8となる。

表8　石油基地火災時の人体接近限界と木造家屋延焼限界（無風時）

火災の種類	人体接近限界	木造家屋延焼限界
タンク1基の全面火災	237 m	110 m
防油堤火災（タンク1基）	827 m	336 m
防油堤火災（タンク4基）	1375 m	540 m
全防油堤火災	2574 m	1049 m

6.3.4. 対流熱伝達

　冬場の西北西の風が卓越する条件で、対流熱伝達を算定した。気温9.2℃、風速2.1m/s。結果を以下に示す。再処理工場敷地を四角、風向を矢印で示す。

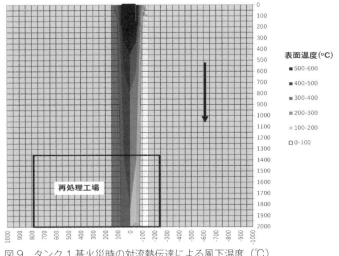

図9　タンク1基火災時の対流熱伝達による風下温度（℃）

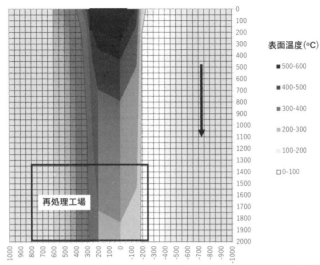

図10 防油堤火災（タンク4基）時の対流熱伝達による風下温度（℃）

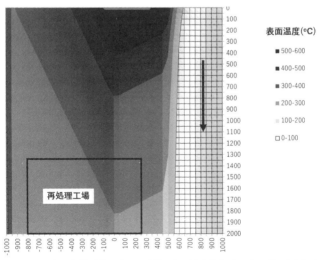

図11 防油堤火災（タンク51基）時の対流熱伝達による風下温度（℃）

風下側は、輻射熱による熱量を上回る場合が存在する（表9
参照）。

6.3.5. 表面温度

以上の計算から、タンク火災時の熱の影響は輻射熱と対流熱
伝達の両者を考慮しなければならない。輻射熱の場合では、樹
木、タンク、コンクリート建造物、窓ガラスの表面温度を算出
した。風下になった場合は輻射による温度を上回ることになる。
表9には、輻射熱だけの温度上昇による表面温度を示す。風下
になれば、表9の表面温度をさらに上回ることになる。輻射熱
は途中に障害がなければ、対象物は温度上昇を始め、やがて平
衡状態となる。

したがって、石油備蓄基地周辺の樹木はすべて発火が免れ

表9　火災時の輻射熱による樹木、タンク、コンクリート構造物、窓ガラ
スの表面温度（℃）

火災の種類	樹木	タンク 1*	タンク 2**	コンクリート	窓ガラス
タンク1基	494	290	11	10	43
防油堤タンク1基	570	358	18	15	238
防油堤タンク4基	672	424	44	28	745
防油堤タンク全基	709	449	154	70	2343

* タンク1：石油基地内の離接タンク、** タンク2：再処理工場内タンク

表10　主な危険物と引火点

危険物	消防法の規定	引火点	発火点
n ドデカン	4類3、引火性液体	74℃	200℃
TBPトリブチルリン酸	4類3、引火性液体	160℃	410℃
硝酸ヒドロキシルアミン	5類、自己反応性物質	-	-
灯油	4類3、引火性液体	40〜60℃	255℃

図 12　石油備蓄基地と再処理工場の空中写真

ない。隣接タンクも鋼板表面が引火点を超え、延焼は免れない。再処理工場内の灯油タンクも防油堤火災（タンク4基）では、引火の可能性がある。再処理工場内の窓ガラスはすべて破壊される。コンクリート表面温度も換気も n ドデカンの引火点を超え、極めて危険な状態になる。

　すなわち、石油備蓄基地の火災がいったん起こった場合、再処理工場内から作業員は退避せざる得なくなり、無人運転状態となる。換気系もまた高温の吸気により、危険物の引火・発火を含め、工場内に極めて深刻な影響を与え、放射性同位体の保存に支障をきたすことになる。

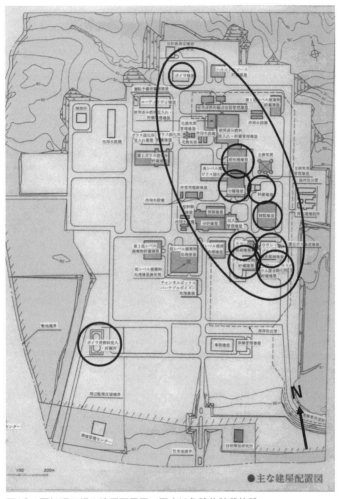

図13　再処理工場の建屋配置図。円内は危険物貯蔵施設。

6.3.6. 放射能汚染

　福島第1原子力発電所と同規模の放射能拡散シミュレーショ

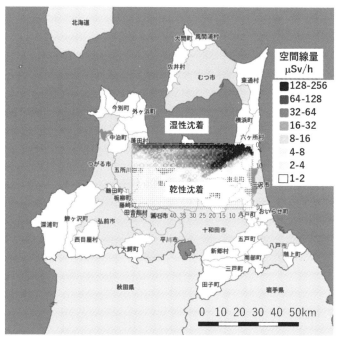

図14　青森放射能汚染図（東北東風、平均風速 0.9 m/s）。

ンを示す。これは再処理工場のほぼ1日の処理量の半分に相
当する。この結果、図14に示すように青森市内は一部で16μ
Sv/h に達する地域が発生する。青い森鉄道、国道4号線は64
μSv/h を超え、利用不能となる。気象条件を変えれば、さら
に深刻な事態も発生する可能性がある。

6.4. 考察
6.4.1. 各工程での危険物の貯蔵量と放射性同位体の総量
　主要な工程は、せん断・溶解、分離、精製、脱硝・製品貯蔵
である。これに対して、1日ウラニウム 2.2 トン（年間 800 トン）

を処理する場合の、各工程での必要な危険物の貯蔵量と放射性同位体の総量を算定する。

使用済み燃料の燃料取り出し後150日での放射能は、168 PBq/ton とする（補足3参照）。ただし PBq：ペタベクレル、10^{15} ベクレルである。したがって、1日あたり370 PBq である。また各工程での時間配分は、せん断・溶解、分離、精製、脱硝・製品貯蔵で、2：3：3：2とする。精製工程以降は、核生成物が分離され、2.5％に線量が低減したとする。

ピューレックス法では、ドデカンに TBP を30％溶解させるので、重量比で7：3である。使用する硝酸は3規定である。2酸化ウランを原料とすれば、4価である。1日2.2トンのウランを処理するには、9209モルの4倍の3規定の硝酸、すなわち12300リットル、少なくとも18.5トンの硝酸がせん断・溶解工程で消費される。水相と油相を1：1とすれば、油相は9.2トン消費され、うちドデカン6.4トン、TBP2.8トンとなる。分離工程では、これが1日当たりの消費量となる。同時に、ジルコニウムはウラニウム1トンにつき292kgである（長崎、中山、2011）から、1日当たり、0.64トンせん断・溶解工程で発生する。精製工程でも、同様の工程が進行するので、分離工程とほぼ等量のドデカンと硝酸が消費されると考えられる。1日必要量の10日分が各工程で貯蔵されていると仮定する。

以上から、各工程の危険物の貯蔵量と放射性同位体の滞留量の概略は以下のように推定される。

福島第1原子力発電所の放射能漏れ事故では、3月12日から31日までの総量は918 PBq であり、最大は3月15日で、242 PBq であったと推定されている（付録2、東京電力、2012）。特に陸域にはなはだしい汚染をもたらした同日深夜は、91.4 PBq と推定された。すなわち、再処理工場での1日当たりの

表11　各工程の危険物の貯蔵量

工　程	危険物
せん断・溶解	硝酸 123 ㎥、ジルコニウム 6.4 トン
分離	ドデカン 85 ㎥、TBP 29 ㎥
精製	ドデカン 85 ㎥、TBP 29 ㎥、硝酸ヒドロキシルアミン
脱硝・製品貯蔵	硝酸 123 ㎥

* 硝酸の比重：1.502、n ドデカンの比重：0.75、TBP の比重：0.979

表12　放射性同位体の滞留量の概略

工　程	放射能
せん断・溶解	74 PBq
分離	111 PBq
精製	3 PBq
脱硝・製品貯蔵	2 PBq

* 分離工程で核生成物が分離され、精製工程では 2.5 ％に低減したとする。

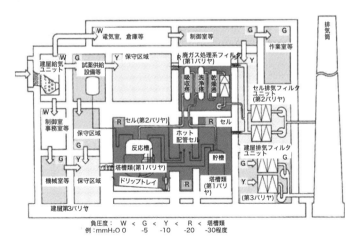

負圧度：　W ＜ G ＜ Y ＜ R ＜ 塔槽類
例：mmH₂O 0　　-5　　-10　　-20　　-30程度

図15　放射性同位体のセルと換気系による分離機構（ATOMICA, 1999）。

処理量 370 PBq は、福島での陸域の汚染の約 4 倍に相当する。したがって、万一、再処理工場で事故が起これば、確実に福島の再現となる。

　これらの処理工程では、コンクリート壁が唯一の防護であるが、分離工程から 30 m の距離でも ^{60}Co 換算で、壁がない場合、3.76×10^7 mSv/h である。1 m のコンクリート壁で防護された場合、5.7 Sv/h、2m のコンクリート壁でも 0.87 mSv/ h であり（小佐古、笹本、2010）、被ばく線量の基準を軽く超えてしまう。従業員は限られた時間内の作業が限度である。分離工程では、1 m のコンクリート壁でも、わずか 2 時間で致死量に達してしまうのである。

　図 15 に示すように、外部より火災が発生し、吸気口から熱風が燃焼する黒煙とともに流入した場合、給気ユニットから建屋全体にこれらの引火源が送り込まれ、危険物を発火させ、建屋内は大火災に発展する。火災は配管を通じ、セル内に及ぶ。放射能を封じ込める機構が火災を伝播する装置に変化する。

　すなわち、地震・火災による電源を含むユーティリティの損傷は、工場をコントロール不能とし、危険物の火災の伝播とともに、放射性同位体の漏えいと直結し、想定される重大事故をはるかに超える深刻な事態を迎える。

6.4.2. 重大事故のシナリオ

　むつ小川原石油備蓄基地の火災から再処理工場の火災・放射能漏れは以下の各段階で進行する。

⑴　石油備蓄基地の火災
⑵　爆発・輻射熱・対流熱の影響
⑶　危険物の引火と発火

(4) 再処理工場の 4 工程での放射能漏れ

(1) 石油備蓄基地の火災
　震度 5 以上の地震が石油備蓄基地を襲った場合、過去の事例からタンクの石油流出と火災事故に発展する可能性が高い。特に老朽化したタンクであり、活断層上ないしは直近の軟弱地盤上であるため、確実に事故が起こる。タンク火災は一般に 1 基の場合、防油堤火災の場合、全面火災の場合に分類できる。タンク火災は 1 基であれば、消火活動は可能であるが、2 基以上の場合、困難となる。消防車が 1 セットしかないためである。表面の燃焼速度が 4.2㎜/min であれば、22 m 高さの液量では、87 時間炎上を続ける。約 4 日間である。過去の事例から考えて、最長 16 日間は炎上続けると考えられる。したがって、4〜16 日間火災は継続する。再処理工場に影響を与える火災は、輻射熱ではタンク 1 基の防油堤火災、タンク 4 基の防油堤火災、タンク 51 基の防油堤火災である。対流熱伝達では、いずれの事例も風下側が 100 度〜260 度に上昇し、同時に燃焼する黒煙が吹き込む。

(2) 爆発・輻射熱・対流熱の影響
　再処理工場は、従業員が常駐する管理棟と定期的に監視する工場とに分けられる。管理棟は、窓ガラスのため、石油備蓄基地の火災で、破損した窓からの熱風の流入で、退避が余儀なくされる。したがって、工場は無人状態で全工程が停止する。工場の外壁の表面温度は、輻射熱と対流熱で、100 度〜260 度あるいはそれ以上に上昇することになる。換気口から燃焼する黒煙とともに熱風が工場内に流入する。

写真 1　再処理工場全景（北側より）

(3)　危険物の引火と発火

　主な危険物として、n ドデカン（引火点 74 度）、TBP（引火点 160 度）、燃料油（引火点 40〜60 度）があり、輻射熱と対流熱とで空気の温度上昇と燃焼する黒煙により、引火・発火する。放射能除去の高性能フィルターは 80 度までしか、耐熱性がなく、機能不全になり、放射能漏出が始まる。工場内のタンクが爆発・燃焼を始めた場合、従業員は接近できず、たちまち消火不能に陥る（付録 4 参照）。この結果、工場内のユーティリティが壊滅する。すなわち、電源設備、圧縮空気設備、水蒸気系統、換気系統、空調、制御系統が作動不能に陥る。これにより、制御不能となったセル内の放射性同位体は、しだいに温度上昇をはじめ、反応槽等の諸設備は自壊する。セル内の放射性同位体は、セル外部と接続する配管からセル外へと漏出を始める。

(4)　再処理工場の 4 工程での放射能漏れ

　せん断・溶解、分離、精製、脱硝・製品貯蔵のいずれの工程であれ、タンク火災が工場内で発生した場合、施設は制御不能

写真2　再処理工場全景(北西側より)。管理棟は右上部(矢印)にある。

写真3　管理棟(南側から)とその拡大図(右)

となり、放射能の大量流出が始まる。こうした事故の進行に
対して、石油備蓄基地の石油火災は収束不能となり、数日か
ら16日の火災の継続は基地のみならず、再処理工場への接近
も不可能となる。やがて再処理工場の火災の開始とともに、大
量の放射能の漏出が始まり、数kmの範囲で強い空間線量を示し、
あらゆる収束が完全に不可能となる。特に、分離・精製工程の
放射性同位体は、危険物に溶解しており、危険物が発火した場
合、セル外に放出され、福島の事故と等量の大気中への拡散が

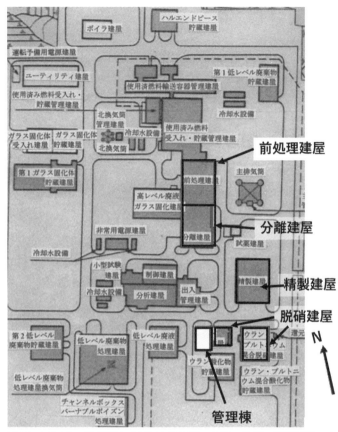

図16　再処理工場配置図（四角は前処理、分離、精製、脱硝建屋、白四角は管理棟）

始まる。

6.5. 結論

　六ヶ所村再処理工場について、むつ小川原石油備蓄基地の火災から生じる影響について、消防法上の規定に該当する危険物

の火災および放射能汚染のシミュレーションを実行した。以下の結論に達した。

(1) 消防法に規定する主な危険物は硝酸、ドデカン、TBP、硝酸ヒドロキシルアミン、ジルコニウム粉塵である。これら危険物の火災・爆発の評価をしたところ、建屋内で作業する従業員に重大な被害を与えることが判明した。

(2) むつ小川原石油備蓄基地の火災が防油堤火災に発展した場合、核燃料サイクル施設は輻射熱と風下の対流熱伝達により、従業員が退避する無人状態となる可能性がある。

(3) さらに、この無人状態で、火災が継続するならば、再処理工場の主要な工程であるせん断・溶解、分離、精製、脱硝・製品貯蔵の各工程に対して、熱風が燃焼する黒煙とともに流入し、工場内の危険物に引火、火災に発展し、ユーティリティが機能しなくなり、その結果、セル内がコントロール不能となり、大量の放射能漏れが開始する。

(4) 分離工程で火災を含めた重大事故が発生した場合、福島原発規模の放射能汚染が発生する。夏に頻度の高い東北東風では放射能が青森市に到達し、青森市内の一部が住居不能になり、また避難路である国道4号線と青い森鉄道は使用不能となる。

以上は、鑑定書 (2015年11月10日青森地裁提出) の内容である。

参考文献

疋田強、火災・爆発危険性の測定法、日刊工業新聞社、1977.

自治省消防庁消防研究所、大規模石油タンクの燃焼に関する研究報告書、消防研究所研究資料第 46 号、1999 年 9 月。

日本火災学会、火災と消火の理論と応用、東京法令出版、2005.

J. G. Quintiere, *Principles of Fire Behavior*, Delmer, 1998.

中山、桑原、許、熱流体力学、共立出版、2002.

ATOMICA、PWR の使用済ウラン燃料中に含まれる元素、2005.

長崎晋也、中山真一、放射性廃棄物の工学、オーム社、2011.

東京電力、福島第 1 原子力発電所事故における放射性物質の大気中への放出量の推定について、2012。

小佐古敏荘、笹本宜雄、放射線遮蔽、オーム社、2010.

ATOMICA、再処理施設の閉じ込め機構の概念、1999.

Y. Ge and Ogawa, S. Radioactive Pollution of Fukushima Daiichi Nuclear Power Plant, 36th Asian Conference on Remote Sensing, Manila, 2015.

原子力規制委員会、石油コンビナート等のガス爆発による影響の有無の評価、2013.

....

付録 1　過去の主な石油基地の事故

　以下に過去の主なタンク事故の事例を挙げる。地震と関係なく、事故を起こしたのが水島事故である。タンクは底板溶接部に弱点があり、地盤の変形で流出事故が起こる。また、軟弱地盤上では、震度 3 であっても大型タンクはスロッシング（113頁）によるタンク上部からの溢流が起こる。震度 5 では、スロッシングから火災が起きている。いったん火災になった場合、消火不能で 16 日間炎上した事例が 2 回あり、全面火災に至った事例が 2 回ある。

1）1923 年 9 月 1 日 11 時 58 分：関東地震（M7.9）、震度 6。
　横浜石油タンクが 12 日間火災。横須賀海軍重油タンクが 16日間火災。自然鎮火。気象条件：風向、南、風速 13〜14m/s。

表A1　横浜市タンク火災

所在地	施　設	被　害
内海町ニューヨークスタンダード石油	屋内貯蔵所、屋外タンク9基　40,314kℓ	屋内貯蔵所3棟倒壊。屋外タンクはパイプ破損により油が海上流出。13：30頃延焼火災、石油類2日間、機械油12日間炎上。
内海町ライジングサン石油	屋内貯蔵所、屋外タンク7基　11,114kℓ	屋内貯蔵所3棟倒壊。屋外タンクはパイプ破損により油が海上流出。13：30頃延焼火災、石油類2日間、機械油12日間炎上。
中村町神奈川県揮発物倉庫	屋内貯蔵所　3,303kℓ	屋内貯蔵所14棟半壊、ほか小破。12：30頃火災、機械油7日以上炎上。

表A2　横須賀市タンク火災

所在地	施　設	被　害
海軍横須賀港	重油タンク　80,000kℓ	重油タンク破損、海上流出。引火。海上4時間炎上。重油タンクは16日間炎上。

2) 1964年6月16日13時1分：新潟地震（M7.5）、震度5。

　昭和石油基地が爆発炎上。16日間炎上、169基中138基焼損。津波による海上流出。昭石の消防車4台に県内県外から消防車42台が応援。気象条件：風向北北東、風速4.3 m/s。

表A3　新潟市タンク火災、流出事故

所在地	施　設	被　害
昭和石油新潟製油所	屋外タンク169基 363,414kℓ	13時2分30,000kℓ原油タンクより出火、138基焼損。7月1日鎮火。
日本石油沼垂貯油所	屋外タンク5基 7000kℓ	重油タンク底部水切りパイプ破損、防油堤破損により重油流出。河川、水路に拡大。
新商給油所	地下タンク2基17kℓ	地下パイプが破損、ガソリン3kℓ、軽油1kℓ流出。
成沢石油蒸溜場	燃料タンク100kℓ	タンクが落下し、重油流出火災。17日4時鎮火。

3) 1978年6月12日17時14分：宮城沖地震（M7.4）、震度5。ガスホルダーが倒壊、炎上。製油所で重油の流出。

表A4　仙台市のタンク火災、流出事故

所在地	施　設	被　害
仙台市ガス局ガスホルダー	ガスホルダー1基	ガスホルダーが倒壊し炎上。
東北石油仙台製油所	石油タンク6基 153,100kℓ	重油2、軽油2、灯油1、ガソリン1基　3基破損68,100kℓ流出、2基わずかに流出、1基浮き屋根と上部に変形。

4) 1983年5月26日11時59分：日本海中部地震（M7.7）、震度3〜5。

　震度5の秋田市内の原油タンクが炎上。震度3の新潟市内の

原油タンクがスロッシングから原油の溢流。

表 A5　秋田市のタンク火災と新潟市のタンク流出事故

所在地	施　設	被　害
東北電力秋田火力発電所	原油タンク 1 基 35,000kℓ	原油タンクの浮き屋根のシール部から発火、炎上。2 時間半後、鎮火。
新潟石油共同備蓄	原油タンク 100,000kℓ	スロッシングにより上部から溢流。

5) 1995 年 1 月 17 日 5 時 46 分：兵庫県南部地震（M7.3）、震度 6.

　大型の LPG タンクより LPG 漏えい。169 基の製品タンクに損傷。消火ポンプ使用不能。

表 A6　神戸市のタンク流出事故

所在地	施　設	被　害
東部第 2 工区　灘浜区　西部第 1 工区	LPG タンク 33,700kℓ 製品タンク 169 基	LPG タンクの漏えい。129 基傾斜、36 基沈下、4 基変形、消火ポンプ使用不能 3

6) 2003 年 9 月 26 日 16 時 50 分：十勝沖地震（M8.2）震度 5.

　2 基の大型タンクがスロッシングにより発火、炎上。

表 A7　苫小牧市のタンク火災

所在地	施　設	被　害
出光興産北海道製油所	屋外タンク　原油 12 基、燃料 73 基ほか	原油タンク 1 基、ナフサタンク 1 基が発火し、全面火災。190 基のタンクの 91 基が損傷。

7）2011年3月11日14時46分：東日本大震災（M9.0）、震度5〜6。

コスモ石油のLPGタンクが倒壊、爆発、11日間炎上。JXのLPGタンクも爆発、5日間炎上。

表A8　仙台市と千葉市のタンク火災

所在地	施　設	被　害
コスモ石油千葉製油所	LPGタンク2000kℓ 12基	15：47頃発火、爆発炎上。3月21日鎮火。
JX仙台製油所	LPGタンク2800kℓ 6基	20：00頃、爆発発火延焼。3月15日鎮火。

8）1975年12月18日：水島事故

新規タンクが突然崩壊、C重油を8万kℓ、瀬戸内海に流出。地盤の不等沈下が原因。

表A9　水島事故概要

所在地	施　設	被　害
三菱石油水島製油所	C重油タンク	C重油8万kℓ流出。

....

付録2　2011年3月15日の福島第1原子力発電所の放射能汚染

3月15日の福島第1原子力発電所の放射能放出は以下のように推定されている（東京電力、2012）。

表A10　3月15日の放射能放出量（PBq）

時刻	原子炉番号	希ガス	ヨウ素131	セシウム134	セシウム137
6：10〜7：20	1	5	4	0.1	0.07
7：20〜10：20	2	80	60	1	0.9
21：30〜24：00	2	50	40	0.8	0.6

この日、12：00〜23：30に南東風が継続して吹いていた。

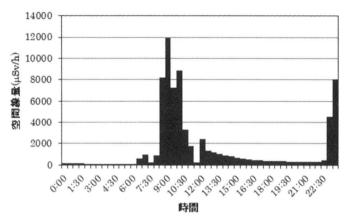

図A1　福島第1原子力発電所正門前の空間線量の推移

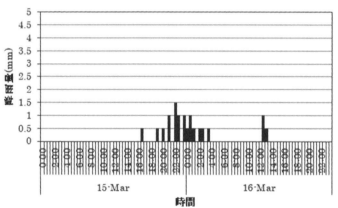

図A2　福島第1原子力発電所の降雨の推移

この間、放出された放射能は21：30〜24：00で91.4 PBqと推定される。これらが主に飯館村を中心に福島県東部を強く汚染した。その面積は約692㎢と推定される。上図によれば、21：30〜24：00では、空間線量は低下していたが、降雨（雪）の影響で強い汚染となった。もし、ピーク時に南東風が吹き、降雨

があれば、この4倍以上のさらに強い汚染となった。

付録3　再処理工場内の空間線量

　再処理工場の分離工程では、1日当たりの処理量から空間線量を算定した。実際には、時間とともに核種の半減期により、原子炉から取り出された年数から放射能が低減する。その様子を下図に示す。1年で大きく放射能は低減するが、その後はほぼ一定になる。2mのコンクリート壁を通しても、法定線量限度を超えてしまい、1日平均数分の作業しかできない。したがって、実質立ち入りできない工程である。

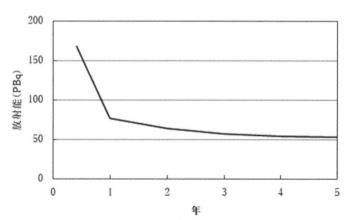

図A3 使用済核燃料の放射能の低減（単位：PBq/ton）

付録4　再処理工場内の危険物の火災と爆発

　以下の危険物が再処理工場の各工程に貯蔵されている。

表 A11　各工程の危険物の貯蔵量

工程	危険物
せん断・溶解	硝酸 123㎥、ジルコニウム 6.4 トン
分離	n ドデカン 85㎥、TBP 29㎥
精製	n ドデカン 85㎥、TBP 29㎥、硝酸ヒドロキシルアミン
脱硝・製品貯蔵	硝酸 123 ㎥

* 硝酸の比重：1.502、n ドデカンの比重：0.75、TBP の比重：0.979

　ここで、n ドデカン 30%TBP の火災時の輻射熱と爆発時の圧力を計算する。タンク容量を表 A11 のように仮定すれば、タンク高さと内径は以下のようになる。

表 A12　タンク容量表

危険物	容量（㎥）	内径（m）	高さ（m）
n ドデカン 30%TBP	114	4.871	6.121

　また、n ドデカンと TBP の発熱量を以下のようにする。

表 A13　n ドデカンと TBP の発熱量（kcal/kg）

n ドデカン	TBP
11710	11230

　本文中、図 1 タンク火災と受熱面の位置関係を使用すれば、木造家屋が延焼する限界として 4,000kcal/㎡hr、人間が接近できる限界として 1,080kcal/㎡hr とし、輻射熱を計算した。

　木造家屋延焼限界：6.8 m
　人体接近限界：13.9 m

　次に n ドデカン 30%TBP の爆風圧を計算した。

ドデカンと 30% TBP ドデカンとの発熱量の差は小さいので、ドデカンで計算を実行する。ドデカン（分子量 170）の燃焼は以下のとおりである。

$$C_{12}H_{26}+37/2O_2 \rightarrow 12CO_2+13H_2O$$

常温の蒸気圧は 0.0004 気圧であるから、114㎥より、タンク内で気化したとすれば、

114000 ÷ 22.4×170×0.0004=346 g

が爆発に関与する。ドデカンの燃焼熱は 11.7kcal/g である。ここで、TNT 換算をすれば、11.7TNT 当量であるから、

0.346×11.7=4 kg

に相当する。爆風圧、爆薬量、距離の関係は次式で与えられる。

距離 = 5.15×（TNT 当量）$^{1/3}$/（爆風圧）$^{0.635}$

TNT 収率を 100%とすれば、TNT 当量は 4 kgであるから、

窓ガラス破損：49 m
家屋倒壊：6.3 m
コンクリート構造損傷：1.2 m

となる。人的被害も同様に求められる。

鼓膜破損：7 m
肺損傷：4 m
半数即死：3 m

原子力規制委員会では、「石油コンビナート等のガス爆発による影響の有無の評価」として、「危険限界距離」として「ガス爆発の爆風圧が 0.01MPa 以下になる距離」を与えている。すなわち、この場合、35m となり、施設内の過半が含まれることになる。

表 A14　圧力と被害（疋田強、1977）

圧力 （kg/cm²）	被　害	K 値	被　害	被　害
		70~80	窓ガラスわずか破損	
0.06	窓ガラス破損	74		
0.08~0.1	窓ガラス概ね破損	30~35		
0.15~0.2	窓枠雨戸破損	18~32		
		16.4	羽目板外れ、窓枠破損、窓ガラス80~90%破損	1.5mm×300mm×300mm ガラス破損限界
0.25~0.35	窓枠雨戸概ね破損	13~16		
0.4~0.5	瓦崩壊、羽目板裂く	10~12		3mm厚窓ガラス破損限界
0.6~0.7	小屋組ゆるむ、柱折れる	8~9		
		8.2	建物半壊、瓦動き、窓ガラス全破	
1.5	小建坪家屋倒壊	5		
		3.4	木造建物倒壊	
10	重木造および煉瓦建崩壊	2~3		
20	構造はなはだしく損傷	1.5~2		
50	重量鉄筋コンクリート構造崩壊	1		

7. タンカーによる海面流出油火災

7.1. 国家備蓄の現況

　原油の備蓄量は、図1に示すように、一見、日数換算では増加傾向にある。

　しかしながら、備蓄量そのものは図2に示すように、減少傾向にある。毎年、平均1.1％の減少である。全く生産に寄与しない、完全にドブ漬け状態にある。国家備蓄基地は、現在、10カ所あり、むつ小川原基地は苫小牧東部に次ぎ、全国2位の規模である。

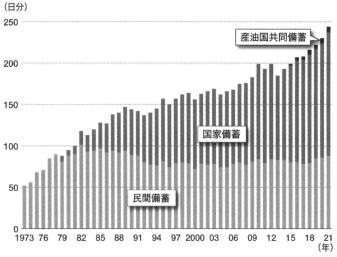

図1　原油の備蓄量の変遷

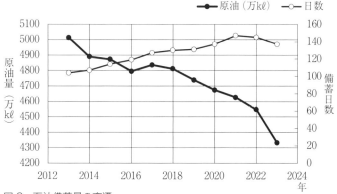

図2　石油備蓄量の変遷

7.2. タンカーによる海面流出油火災評価

石油基地のシーバースは六ヶ所村の沖にある。タンカーからの石油流出とその火災評価を行った。

石油基地の係留地付近から原油が流出した場合を想定した。この場合の流出量は「大型タンカーの災害防止に関する研究」によれば、タンカーの載貨重量に対する流出量の期待値の比は約 0.09 と考えられるとしており、20 万トン級タンカーよりの流出は、20,000㎥ となる。前記文献より、最初、半径 R_0 の低い円柱状の油が、流出開始と同時に外周に向かって円盤状に拡大すると仮定する。海面上の油の拡散状況は、流出開始より比較的短時間（数分間ないし 10 分間）では、次式(1)、またそれ以降は、(2)式が適用される。

$$R(t) = \{2(g\nu/\pi)^{\frac{1}{2}}t + R_0^2\}^{\frac{1}{2}} \tag{1}$$

$$R(t) = [\{\mu gV^3/(\pi^3 C^2\nu\}t + R_0^8]^{\frac{1}{8}} \tag{2}$$

ただし、$V = (1-\sigma)V_0$、$\nu = \mu/\rho$（動粘性係数㎠/s）である。

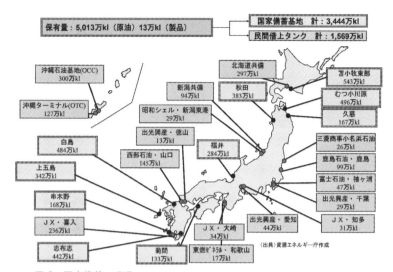

図3　国家備蓄の現況

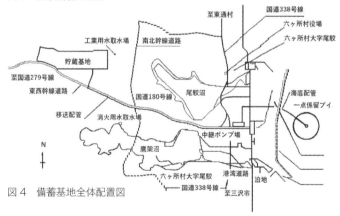

図4　備蓄基地全体配置図

ここで、

R(t)：t秒後の油面の半径（cm）

g：重力加速度の大きさ（980 cm /s²）

R₀：t＝0における油面の半径（cm）

図5　タンカー係留地

　　μ：油の粘性係数（g/cm・s）

　　V_0：t＝0における流出油の全量（cm³）

　　ρ：油の密度（g/cm³）

　　σ：油の比重

　　C：速度勾配係数

　　である。

　いま、R_0＝1000cmと仮定し、ここでは、次の数値を与えて計算する。

　　V_0＝2×10¹⁰cm³

　　σ＝0.85（中東産原油の平均値）

　　ν＝μ／ρ＝0.1（中東産原油の平均値）

　(1)、(2)式より計算した結果を表1に示す。

　表1より、風速6 m/sの風下という条件下で計算した結果を表2に示す。表2の結果のうち、流出後120分の場合の危険範囲を地図上に示した。内円は木造家屋の延焼範囲、外円は人体接近限界範囲を示す。図3より、もし、このような火災が起こった場合、付近の住民は火傷を受け、木造家屋は過半が延焼することになる。

　以上、防油堤内火災および海面流出火災のシミュレーションは、それぞれ、その危険範囲は異なる。いずれにせよ、同地域

表1　海面流出油の時間と油面半径

流出後の時間 (分)	流出油面半径 (m)
1	108
3	187
5	242
10	342
20	448
30	472
60	514
120	561

表2　タンカー火災の人体接近限界と木造建物延焼限界距離

流出後の時間 (分)	油面の半径 (m)	人体接近限界距離 (m)	木造建物延焼限界距離 (m)
1	108	758	478
3	187	1307	827
5	242	1692	1062
10	342	2392	1502
20	448	3138	1968
30	472	3302	2012
60	514	3594	2264
120	561	3931	2471

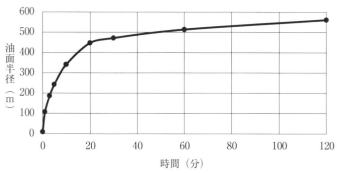

図6　海面流出油の時間と油面半径

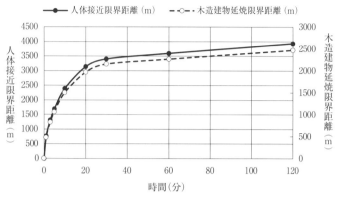

図7 タンカー火災の人体接近限界と木造建物延焼限界距離

図8 海面流出油火災の人体接近限界と木造建物延焼限界距離（120分後）

で防油堤内火災、海面流出火災が発生すれば、付近の住民は多大な被害を受けると断言できる。

　以上は、鑑定書（2014年8月27日青森地裁提出）の内容の一部である。

参考文献
1）海難防止協会、昭和43年度大型タンカーによる災害の防止に関する調査研究完了報告書、1968.

8. 森林火災延焼による再処理工場への影響

8.1. はじめに

(1) 前項までに、むつ小川原石油備蓄基地のタンク火災、防油堤火災、全面火災、タンカー火災の影響範囲を求めた結果、隣接の石油備蓄基地は震度5の地震でスロッシング等から、火災が発生し、全面火災に発展し、核燃料サイクル施設の安全性を脅かす深刻な事故に発展することを指摘する。スロッシングとは、タンクの固有振動と地震の長周期振動が共振した場合、タンク内で揺れた油が上部にある浮き屋根等を押し上げる液面搖動のことである。この液面搖動により浮屋根が波打ち、タンクからの石油の溢流、発火が問題となる。

(2) ここでは、さらに、原油タンクが発火した場合、周辺の針葉樹、広葉樹の火災が引き起こされ、再処理工場の周辺が燃え続け、再処理工場内の放射性同位体が外部へ漏出する事故に発展する可能性があることについて指摘する。

8.2. 森林火災の計算方法

既に前項で、タンク火災の規模と影響範囲に関しては表1のような結果を得ている。この条件下で、森林火災の計算を行った。

表1　火災の規模と影響範囲

火災の規模	木造家屋延焼限界	人体接近限界
タンク1基	85 m	163 m
防油堤火災（タンク1基）	199 m	508 m
防油堤火災（タンク3基）	407 m	1014 m
全面火災	970 m	3070 m

　再処理工場周辺の林地状況は図1、森林の燃焼熱及び六ヶ所村の土地利用の状況は表2、3のとおりである。
　六ヶ所の気象条件等は表4のとおりである。
　林地と再処理工場の危険物管理施設との距離関係は表5のとおりである。

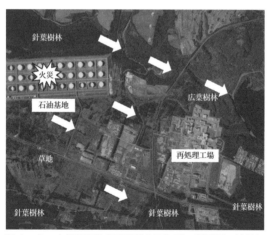

図1　むつ小川原石油備蓄基地と再処理工場周辺の林地と草地。矢印：延焼方向。

表2　針葉樹と広葉樹の燃焼熱（kcal/g）

原油	針葉樹	広葉樹
9.13	4.69	4.45

表3 六ヶ所村の土地利用の割合（%）

原野	耕地	山林	雑種地	宅地	湖沼	放牧地	その他
16.8	16.1	20.4	17.9	4.4	3.1	1.6	19.7

表4 六ヶ所村の気象条件（2013）：
　　 最多風向、平均風速(m/s)、最大風速(m/s)、延焼速度(km/h)*

	1月	2月	3月	4月	5月	6月	7月	8月	9月	10月	11月	12月
最多風向	西	西北西	西	西	西	北西	東南東	西北西	北北西	西	西	西
平均風速	2.4	2.4	2.6	2.4	1.9	1.2	0.9	0.8	0.9	1.4	1.6	2.1
最大風速	6.8	7.6	8.9	8.9	7	4.1	4.2	4.4	6.1	5.6	7.3	7.6
延焼速度	2.7	3.1	3.6	3.6	2.8	1.6	1.6	1.7	2.4	2.2	2.9	3.1

* 延焼速度は「原子力安全基盤機構」より推定。

表5 危険物保管施設と林地までの距離（m）

No.	建屋名	林地までの距離	危険物	発火の有無
1	ハルエンドピース貯蔵建屋	82m 北	ジルコニウム	
2	前処理建屋	198m 東	ジルコニウム、硝酸	
3	分離建屋	208m 東	TBP、ドデカン、硝酸	延焼
4	試薬建屋	235m 東	硝酸ヒドロキシルアミン	延焼
5	精製建屋	174m 東	ドデカン、硝酸ヒドロキシルアミン	引火
6	ウラン脱硝建屋	250m 東	硝酸、ウラン酸化物	
7	ウラン酸化物貯蔵建屋	242m 東	ウラン酸化物 4000t	
8	ウランプルトニウム混合脱硝建屋	176m 東	ウランプルトニウム酸化物、硝酸、水素	
9	ウランプルトニウム混合酸化物貯蔵建屋	184m 東	MOX 粉末 60t	
10	ボイラ用燃料受入れ貯蔵所	41m 西	灯油 3000kℓ×2 基	引火

表6　危険物の発火点と引火点（℃）

危険物	消防法の規定	発火点	引火点
硝酸	6類、酸化性溶液		
n ドデカン	4類3、引火性液体	200	74
TBP トリブチルリン酸	4類3、引火性液体	410	160
硝酸ヒドロキシルアミン	5類、自己反応性物質	265	
金属粉ジルコニウム	2類、可燃性固体	240	
水素		500	
灯油	4類3、引火性液体	255	40〜60
酸化ウラン UO_2		800	

　危険物の発火点と引火点は表6のとおりである。

　タンク火災から周辺森林へ延焼した場合の火災の計算法を次に示す。

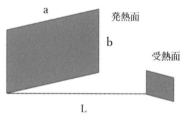

図4　熱源と受熱面の関係

受熱輻射量の計算は次式による。

$$E = \varphi R f \ (\text{kcal/m}^2\text{hr})$$

ここで、E：輻射受熱量、Rf：輻射発散度である。

森林火災の場合、図4として、次式で与えられる。

$$\varphi = \frac{1}{2\pi}\left\{\frac{b}{\sqrt{b^2+l^2}}\tan^{-1}\frac{a}{\sqrt{b^2+l^2}} + \frac{a}{\sqrt{a^2+l^2}}\tan^{-1}\frac{b}{\sqrt{a^2+l^2}}\right\}$$

ただし、a：火炎の幅、b：火炎の高さ、l：火炎の中心から受熱部までの距離である。

また計算にあたって、木造家屋が延焼する限界（木材表面温度250〜260℃）として 4,000 kcal/㎡hr、人間が接近できる限界（消防服表面温度100〜110℃）として 1,080 kcal/㎡hr とした。

8.3. 森林火災の計算結果

森林火災の計算結果は表7のとおりである。

表7　森林火災の諸元

燃焼位置	延焼範囲	平均樹高	輻射発散度 *
再処理工場北広葉樹	750m	15m	17600 kcal/㎡hr
再処理工場東針葉樹	525m	15m	18500 kcal/㎡hr
再処理工場西針葉樹	410m	15m	18500 kcal/㎡hr

* 輻射発散度は、原油の場合、36000 kcal/㎡ hr である。原油の発熱量 9126kcal/kg から、針葉樹と広葉樹の発熱量 4690、4450kcal/kg より求めた。広葉樹林はカシワ群落、針葉樹林はクロマツ植林。

危険物貯蔵建屋の配置と、再処理工場周辺の林地と延焼範囲を図5、6に示す。

樹木の発火は250℃以上（原子力安全基盤機構、2012）、同様に草地もこの条件で発火する。したがって、タンク1基の火災（木造家屋延焼限界85m）でも周辺の森林と草地は発火する。2013年六ヶ所村の気象条件より当地の卓越風は西（24.4%）、西北西（20.0%）であり、石油備蓄基地と再処理工場の位置関係は、風上と風下の関係である。この風向は 270〜292.5 度の方向であり、石油備蓄基地の中心から再処理工場は 280〜305 度の方向の範囲にあり、ほぼ角度は一致する。

森林火災の計算結果を表8に示す。危険物保管施設の諸元を表5に示すが、精製建屋のドデカンが引火点（74℃）、ボイラ

燃料タンクの灯油が引火点（40〜60℃）を超え、発火する。精製建屋のドデカンが発火すると、隣接の試薬建屋（36m）、分離建屋（45 m）が引火、延焼し、消火不能の事態となる。

　したがって石油備蓄基地の森林火災が発生した場合、表4に示すように、延焼速度は最小1.6〜最大3.6km /h で燃え広がり、1時間以内に再処理工場群は完全に火の海に包まれ、危険物の発火は免れない。2004年2月14日の広島県瀬戸田町の森林火災では、9日間燃え続けた（表9参照）。

表8　燃焼位置ごとの影響範囲

燃焼位置	木造家屋延焼限界（木材表面温度 250〜260℃）	人体接近限界（消防服表面温度 100〜110℃）
再処理工場北広葉樹	9m	79m
再処理工場東針葉樹	12m	83m
再処理工場西針葉樹	12m	83m

表9　過去の主な森林火災（原子力安全基盤機構、2012）

日　　時	場　　所	平均風速	最大風速	延焼期間	焼損面積
2002/3/21/10:00	長野県松本市	7m/s	28.5m/s	46 時間	176ha
2004/2/14/18:08	広島県瀬戸田町	7m/s	14m/s	9 日	390ha
2005/4/8/10:25	福島県いわき市	11.5m/s	23.3m/s	12 時間 35 分	48ha
2005/4/26/12:30	高知県中土佐町	4m/s	-	25 時間 25 分	20ha

8.4. 結論

　石油備蓄タンク火災は備蓄基地周辺林野の発火を誘引し、風向の頻度の高い西風と西北西風により、短時間で再処理工場の周囲の林地まで延焼し、精製建屋のドデカン、ボイラ燃料貯蔵

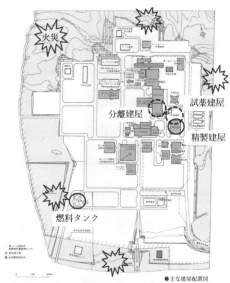

図5　危険物貯蔵建屋配置図。丸（精製建屋、ボイラー用燃料受け入れ貯蔵所）が引火する。丸点線（試薬建屋、分離建屋）が延焼する。

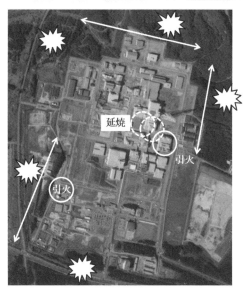

図6　再処理工場周辺の林地と延焼範囲。丸内施設が引火する。丸点線内が延焼する。

8. 森林火災延焼による再処理工場への影響　133

所の灯油を発火させ、さらには隣接の試薬建屋、分離建屋が引火し、延焼することになる。

参考文献

小川　進、むつ小川原石油備蓄基地の火災・爆発等による再処理工場への影響、鑑定意見書、2014.8.27。
原子力安全基盤機構、福島第1原子力発電所への林野火災に関する影響評価、2012。

　以上は、鑑定書（2014年11月10日青森地裁提出）の内容である。

付録1　周辺植生図

　石油基地と再処理工場の位置関係と周辺植生を示す。

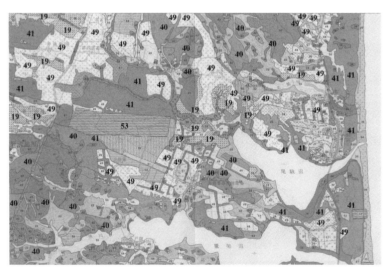

19：カシワ群落、40：アカマツ植林、41：クロマツ群落、49：牧草地、53：石油基地

9. 核燃裁判における反論書

　住民による裁判は 1989 年に提訴、ウラン濃縮工場の建設差し止めを目指して、最高裁まで争われ、2007 年 12 月 21 日、敗訴が確定した。次いで、低レベル放射性廃棄物処分場について、提訴し、最高裁まで争われ、2009 年 7 月 2 日、敗訴が確定した。さらに、再処理工場および高レベル放射性廃棄物処分場について、提訴された。その中で、石油備蓄基地の火災による再処理工場への影響について、鑑定書（7〜9 章参照）を著者が提出し、その被告準備書面が 8 年後に提出された。ここでは、それに対する意見書を著者が以下のように作成し、2022 年 11 月 24 日、青森地裁に提出した。

9.1.「本件石油備蓄基地の想定火災が過小であるとの原告らの主張には理由がないこと」に対する反論

⑴　被告は「同基地にある 51 基の原油タンク全てが燃焼する火災を設定しているのであるから、想定火災が過小であるとは認められず、原告らの前記主張には理由がない」と反論している。これはあたかも原告らがタンク 3 基の危険性を主張し、被告が 51 基のタンク全てが燃焼する火災を設定し、タンクの基数で上回るので、理由がないとしているものである。しかしながら、原告らはタンク全基の火災も想定しているので、基数の差ではない。

　根本的な問題は、被告が主張する以下の 3 点になる。

① タンク火災で、被告は風速 0m/s で、輻射熱に限定し、対流熱伝達を無視している。

② 施設内の危険物に対して、引火点での評価でなく、発火点を用いている。

③ 換気口の HEPA フィルターが、火災時に機能すると仮定している。

(2) 以下に、上記①について、被告主張に根拠がないことを示す。

　これらは風速がゼロでなければ、すべて根拠を失ってしまうのである。ちなみに、六ヶ所村の平均風速を示すと、1976 年～2021 年の平均値は 2.5±1.3 m/s である。無風状態は 1 日もない。風向は西風と西北西風が最多で、タンク火災の影響を受ける北北西、北西、西北西、西風が全体の 51％を占める。

　過去のタンク火災で、最大のものは関東地震時（1923 年 9 月 1 日）で、横浜だけで 134,731 キロリットルのタンクが燃焼し、最長 16 日間継続した。全面火災であった。さらに、新潟地震時（1964 年 6 月 16 日）で、昭和石油だけで 169 基、363,414 キロリットル中、138 基が 16 日間炎上し焼損、崩壊した。つまり 82％のタンクが炎上した。新潟地震の震度は 5 であった。このことは、仮に再処理工場が被災し、震度 5 に耐えられたとしても、離接するタンク基地は確実に全面火災が発生し、再処理工場に影響が及ぶことを意味している。したがって、タンク基地の火災の影響は極めて重要である。さらに新潟地震では石油タンクが誘爆し、原油は防油堤から流出した。火の粉を伴う黒煙は北風 5m/s に乗り、数百 m 風下にたなびいていた。被告は爆発も防油堤流出も無視している。

9.2.「本件石油備蓄基地火災による本件再処理施設内に貯蔵されている危険物の火災・爆発の可能性や森林火災の発生を考慮

せず、本件石油備蓄基地火災の影響評価をしているとの原告らの主張には理由がないこと」に対する反論

　この点被告は、ｎドデカンはそのほとんどが地下に貯蔵されており、一部建屋地上階内に貯蔵されているから、着火源が排除されており、引火することは考え難い。コンクリートの許容温度 200 度に対しても、ｎドデカンの発火点 200 度は、室内温度上昇が 32 度と推定され、安全である、と反論している。

⑴　ｎドデカンの貯蔵と使用状況

　ｎドデカンは、主に分離と精製工程で使用され、それぞれ 85㎥貯蔵されている。TBP もまたそれぞれ 29㎥貯蔵されている。ｎドデカンの引火点は 74 度、TBP の引火点は 160 度である。

　分離建屋と精製建屋は地下ではなく地上階に存在する。

　分離建屋では、TBP 洗浄塔、補助抽出器、TBP 洗浄器等で使用され、廃液は補助抽出廃液受槽、抽出廃液受槽（15㎥）、抽出廃液中間槽（20㎥）、抽出廃液供給槽（60㎥、2 基）へと流れる。さらに、ウラン逆抽出器、プルトニウム溶液 TBP 洗浄器でも使用される。すなわち、ｎドデカンは反応槽、タンク内に大量に存在し、配管系を移動する。

　精製建屋では、抽出器、抽出廃液 TBP 洗浄器、逆抽出液 TBP 洗浄器等で使用され、補助油水分離槽に流れる。プルトニウム濃縮缶では、加熱最高温度 135 度で、ｎドデカンの引火点を超える工程がある。ここでも、ｎドデカンは塔槽類を通過し、配管系を大量に移動する。

　化学プラントの製造工程からは、炭化水素は各装置から放出される（Mencher, 1967）。すなわち、バルブ、ポンプ、コンプレッサー、コンプレッサーメカニカルシール部、コンプレッ

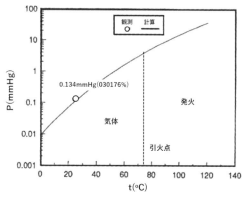

図1 ｎドデカンの蒸気圧曲線。融点までの温度で
蒸発し、気体として存在する。

サーパッキングシール部、冷水塔、プロセスドレン・排水セパ
レータ、ブローダウンシステム、逃し弁、貯槽、その他であ
る。すなわち、バルブ、フランジ等の接合部からの漏えいであ
る。ｎドデカンは融点−9.6度で沸点が215度であり、常温で
常に蒸発している。したがって、分離建屋、精製建屋内の各工
程の装置からはｎドデカンが常時漏えいしている。すなわち、
引火点74度の危険性が存在する。蒸気として建屋内に存在す
る以上、発火点でなく、引火点で危険性を評価しなければなら
ない。しかも、蒸発量は日トン単位である。

(2)　ｎドデカンの発火・引火の危険性
①　はじめに
　石油備蓄基地は、1985年に完成し、51基の大型タンク
（111,200キロリットル×51基、570万キロリットル）の原油基地で
ある。原油基地の事故では、新潟地震時（1964年6月16日13時
1分40秒、震度5）、ほぼ全面火災で16日間炎上し、関東地震

時（1923年9月1日11時58分、震度6）、横浜石油基地（8万トン）と横須賀海軍重油基地（10万トン）で全面火災となり、16日間炎上した。したがって、震度5以上の地震時では全面火災が起こる可能性が高い。そのうちの、輻射熱による再処理工場での被害を推定した。

　再処理工場の中の13の主な施設に対し、全面火災時の輻射エネルギーを求め、比熱、比重より各施設の表面温度の時間変化を計算した。被曝の部材としては、コンクリート、ガラス、軟鋼とした。

表1　各材料の熱物性（Quintiere, 1998）

材料	比熱 kJ/kg K	比重	吸収率* %	耐熱温度 ℃
コンクリート	0.88	2.1	92	500
ガラス	0.84	2.7	2	600
軟鋼	0.46	7.85	92	400

* 材料の表面の反射と透過を除いた正味のエネルギー吸収の割合。

　全面火災時の輻射熱の受熱面の熱量 E（W/㎡）は、距離 x（m）に対し下記の式で与えられる。

$$E = 10133 \, e^{-0.0009x} \ (\text{W/㎡})$$

各施設の石油備蓄基地からの距離を求め、上式に代入した。
温度は以下の式で算出した。

$$T = \frac{Et}{wc\rho} + T_0$$

ここで、T：表面温度、t：時間（sec）、w：材料の厚さ（m）、c：比熱（kJ/kg K）、ρ：比重、T_0：初期温度（20℃）である。

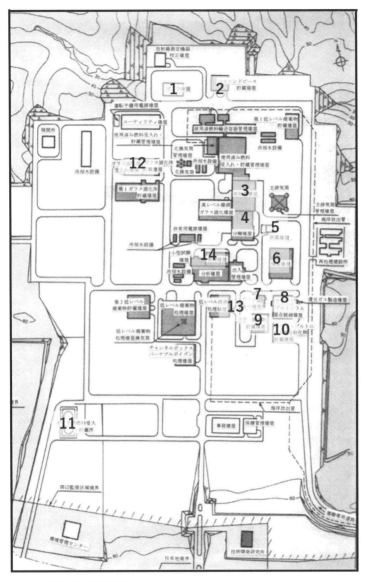

図2 再処理工場の施設

表 2　再処理工場の施設の石油備蓄基地からの距離と貯蔵物の発火点

地点	施設名	距離 m	危険物	発火点（度）
1	ボイラ建屋	1490	灯油	255
2	ハルエンドピース	1640	ジルコニウム	240
3	前処理建屋	1740	ジルコニウム	240
4	分離建屋	1750	TBP, ドデカン	200
5	試薬建屋	1910	硝酸ヒドロキシルアミン	265
6	精製建屋	1960	ドデカンほか	200
7	ウラン脱硝建屋	1940	ウラン酸化物	800
8	ウランプルトニウム混合脱硝建屋	1950	ウラン酸化物	800
9	ウラン酸化物貯蔵建屋	1920	ウランプルトニウム酸化物	800
10	ウランプルトニウム混合酸化物貯蔵建屋	2000	MOX 粉末	800
11	ボイラ用燃料受入貯蔵所	1640	灯油	255
12	高レベル放射性廃棄物貯蔵管理センター	1800	硝酸塩	35
13	管理棟	1760	人体接近限界	45
14	中央制御室	1730	人体接近限界	45

②　吸気口から熱風が流入して引火

　図 3 に示すように、外部より火災が発生し、吸気口から熱風が燃焼する黒煙とともに流入した場合、給気ユニットから建屋全体にこれらの引火源が送り込まれ、危険物を発火させ、建屋内は大火災に発展する。火災は配管を通じ、セル内に及ぶ。放射能を封じ込める機構が火災を伝播する装置に変化する。

　すなわち、地震・火災による電源を含むユーティリティの損傷は、工場をコントロール不能とし、危険物の火災の伝播とともに、放射性同位体の漏えいと直結し、想定される重大事故をはるかに超える深刻な事態を迎える。

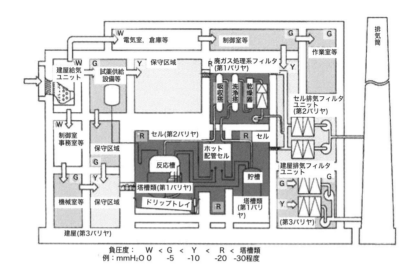

負圧度： W ＜ G ＜ Y ＜ R ＜ 塔槽類
例：mmH$_2$O 0   -5   -10   -20   -30程度

図3　放射性同位体のセルと換気系による分離機構（ATOMICA, 1999）

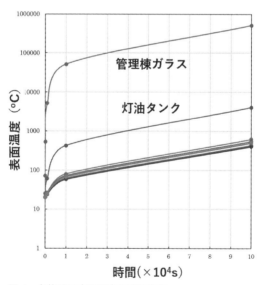

図4　各施設の表面温度の時間変化

表3　各施設の表面温度（℃）の時間変化と発火時間（人体接近時間）

時間	1sec	1min	1hr	1day	発火時間
ボイラ建屋	20	20	42	542	11
ハルエンドピース	20	20	39	476	12
前処理建屋	20	20	37	437	13
分離建屋	20	20	37	433	10
試薬建屋	20	20	35	378	16
精製建屋	20	20	34	362	13
ウラン脱硝建屋	20	20	35	368	54
ウランプルトニウム混合脱硝建屋	20	20	34	365	54
ウラン酸化物貯蔵建屋	20	20	35	375	53
ウランプルトニウム混合酸化物貯蔵建屋	20	20	34	350	57
灯油タンク（発火点）	20	22	166	3522	1.6
高レベル放射性廃棄物貯蔵管理センター	20	20	37	430	0.9
管理棟（ガラス）	25	328	18529	444244	0.0014
制御室	20	20	38	441	1.4

③　工場内施設の表面温度と避難の必要性

　震度5以上の地震時で、石油備蓄基地が全面火災を起こした場合での再処理工場内施設の表面温度の時間変化を図4に示す。

　このように、全面火災が起きた場合での輻射熱による再処理工場での被害を推定した結果、

　⑦　コンクリート製建屋は22〜35時間で表面コンクリートが耐熱温度に達し、崩壊が始まる。建屋内は約1時間半で人体接近限界に至り、避難しなければならない。

　⑦　管理棟のガラス窓は約2分で軟化点（600℃）を超え、

破壊する。直ちに避難しなければならない。

　㋒　灯油タンクは約1時間半で発火点（255℃）を超え、
　　　炎上する。

　㋓　中央制御室は、約1時間半で人体接近限界に至り、
　　　27時間で崩壊し、避難しなければならない。すなわち、
　　　制御不能となる。

参考文献

J. G. Quintiere, *Principles of fire behavior*, Delmer, 1998（基礎火災現象原
　論、共立出版）。

（3）　地下貯蔵に対する影響

　地下タンクに大量のnドデカンが貯蔵され、安全であると
の主張であるが、地下タンクが安全であるとの前提である。し
かしながら、過去の事故例では、「ウラルの核惨事」（1957年
9月29日）と呼ばれる国際原子力事故評価尺度では、レベル7
の福島とチェルノブイリ原発事故につぐ、レベル6の化学爆
発を起こした。地下タンク貯蔵の高レベル廃液であった。米
軍横浜地下タンク爆発事故（1981年10月13日）でも地下タン
クのジェット燃料が爆発火災を起こした。TNT火薬に換算し
て、170トンに相当する。タンク1基のわずか0.06％である。
ジェット燃料の引火点は40〜75度であり、nドデカンの引火
点に近い。さらに、新潟地震時（1964年6月16日）に、地下タ
ンク10基（1500〜20000リットル、合計89400リットル）が損傷し、
重油が流出した。地下水の浸水も起きた。タンクの傾斜と沈下、
振動により、送油管、タンクの接結配管、給油管が切断、破
損した。ほかに、給油所40ヵ所が被災した。過去の事故例は、
地下タンクが安全とは言い難いのである。

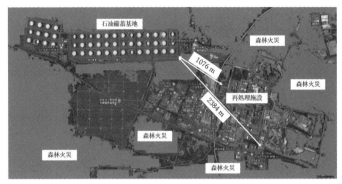

図5　森林火災が発生した場合の全焼範囲。再処理施設は火炎に包まれる。

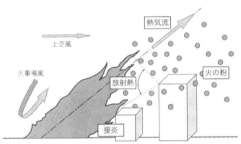

図6　火災の延焼要因。熱気流、火の粉、放射熱、接炎で延焼する（梶・塚越、2007）。

⑷　森林火災の危険性

　森林火災については、被告は完全に無視しているが、タンク火災があれば、必然森林火災が始まる。延焼速度は、1.6～3.6 km/h であり、敷地間 1076m の再処理工場は 1 時間以内に火の海に包まれる。ここで、火災の延焼要因は、放射熱、熱気流、火の粉、接炎である。

　被告は、延焼要因のうちで、ただ一つ、放射熱の評価しかしていない。過小評価といわざるを得ない。放射熱（輻射熱）は、距離の 2 乗に反比例し、距離と共に急速に低減する。それに対

して、次項で取り上げる強制対流は風下側にエネルギーの低減は緩やかで、高温の熱風を送り続ける。黒煙には火の粉が含まれ、森林火災でも石油の火災でも、この燃焼する炭素の粒子は、700〜1000度の温度範囲にあり、引火点どころか、発火点も優に超えるのである。すなわち、石油備蓄基地が地震（震度5以上）などで、発火した場合、森林火災も同時に発生し、両者の輻射熱、熱風、火の粉が再処理施設を襲うことになる。熱風で引火点を超え、火の粉では発火点も超えることになる。

なお、被告はコンクリート許容温度として200度を上限に考えているが、輻射熱によるコンクリートの初期の表面温度は70度である。対流熱伝達では159度となる。

事務棟のように窓があれば、輻射熱で全面火災時には2343度に達して、窓ガラスは瞬時に溶融してしまうのであり、人体接近限界もタンク火災だけで2574mに達して、施設内には従業員は存在できなくなるのである。消防も近づけず、消火不能となるのである。コンクリートの許容温度で評価するのは過小評価といわざるを得ない。以下の項で詳細を述べる。

(5) HEPAフィルターの無力化

換気口のHEPAフィルターユニットは、付録3（11を参照）で詳述するように、80度の耐熱性と加熱に対して、5分間しか、耐えることができない。再処理施設は、分離、精製建屋では、大量の硝酸溶液の水相とnドデカンとTBPの有機相が塔槽類と配管系を循環している。

硝酸、nドデカン、TBPは危険物であり、施設の空気中には気体としての硝酸、nドデカン、TBPで充満している。換気による新鮮な空気を循環させなければならないが、外気が高温となれば、HEPAフィルターユニットは5分程度で崩壊し、

熱風は浸入してくるのである。

9.3．「本件石油備蓄基地火災による熱影響評価に当たっては、放射熱の観点だけでなく、対流熱伝導による熱風の影響も考慮すべきであるなどとする原告らの主張には理由がないこと」に対する反論

(1)　対流熱伝達

　被告は、熱影響を輻射熱で十分であるとして、対流熱伝達については根拠も明らかでなく、対流は無視できると反論した。米国の標準的な教科書の強制対流の模式図を図7に示す。

　しかしながら、大火災は、風が主要因であって、無視できない。関東地震でも「東京市内95ヵ所で発した火災は強風にあおられて巨大な火の流れとなって延焼し、さらに火災現場からの飛び火も激しく、市内のみでも飛び火によって100余か所から火の手が上がった」（吉村昭、2004）。同じく、新潟地震でも市内の新潟港に林立するタンク群が2700m×1800mの範囲で焼失した。1基の発火から延焼により、ほぼ全基が焼失した。

　すなわち、強制対流による延焼しか説明がつかないのである。図5に示すように、石油備蓄基地から再処理施設は、1076m〜2384mの範囲にある。まさに新潟地震で集中的に焼失した範囲に相当する。火災の延焼要因である熱気流、火の粉、放射熱、接炎も無視したが、日本火災学会監修の教科書（2005）でも対流熱伝達は当然、取り上げられており、標準的な教科書では日米で共通する内容である。そもそも、六ヶ所村の過去の気象記録を見る限り、無風の時刻は存在しないのである。被告は輻射熱のように距離の減衰の大きな要素だけに限定したが、それでは火災が過小評価されるのは当然のことである。まして、関東地震で問題となった、火旋流や火の粉を被告が無視するのは過

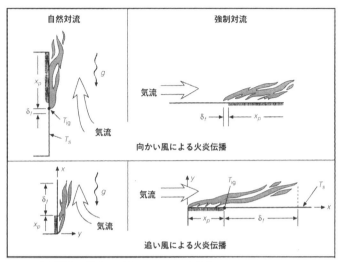

図7 強制対流の模式図（Quintiere, 1998）

図8 実際のタンク火災（ウクライナ、リビウ、2022年3月26日）

去の歴史すら軽んじているといわざるを得ない。関東地震では重油が引火しているのである。重油の引火点は60～150度であり、nドデカンの引火点の範囲である。新潟地震では1基の火災から1時間で全面火災に発展した。

　被告は、「防災アセスメント指針」において、「対流熱伝導への考慮については記載されていないことからも裏付けられる」とも主張している。しかしながら、同指針の内容は、倉敷市で出された「水島臨海工業地帯防災対策の調査研究」（1975）から、一歩も進化していない。これは環境アセスメントの先駆けとなった報告書である。この中で、堀内三郎京都大学教授らは、水島臨海工業地帯の火災危険の予測として、大規模原油タンクの火災、LPGタンクの火災、海面流出油火災を評価している。その他の災害として、有毒性ガスの流出災害、爆発災害、地震災害があげられている。具体的な計算手法として、

　　㋐　原油タンク1基と防油堤内火災の受熱輻射量の算定
　　㋑　海面流出油火災の受熱輻射量の算定
　　㋒　化学爆発の算定とTNT換算

が示されている。被告が行なっている計算は既に半世紀前の指針（1975年）である。しかも、本件安全審査では、海面流出火災と化学爆発は無視している。半世紀前には、大型計算機が各大学に1台配備され、まだ初等的な計算しかできない状況であった。拡散型偏微分方程式の解である、汚染と温度分布は、ようやくシミュレーションが始まろうとしていた。そのため、強制対流や大気汚染の計算は一般的ではなく、堀内研究室でも計算されなかっただけである。これらは現在、標準的な教科書に計算法が明示されており、被告の「科学的根拠を欠くもので

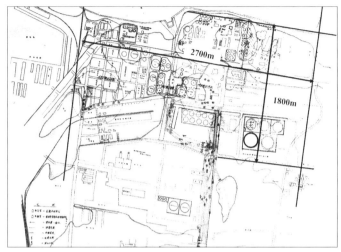

図9　新潟地震時の消失区域。2700m×1800mのタンク群が焼失した。
（消防庁、1965）

あり、理由がない」との主張は完全に否定されるといわざるを
得ない。

　鑑定書の結論を再掲すれば、以下のようになる。

　被告は以上の諸点の欠陥を無視し、あえて「安全」と強弁し
た。しかしながら、実際のタンク火災時の再処理工場の温度上
昇は、貯蔵する危険物の引火点、発火点に達し、過去のタンク
火災の事例のように、16日もの長期にわたる火災では爆発を
含めた大火災が発生する。

⑵　有機溶媒の貯蔵量

　ドデカン、TBP、灯油の引火点が温度分布で重要となる。
それぞれ、74℃、160℃、40〜60℃である。実際の工場は、図
10、11、12、表5に示すように、危険物を貯蔵している施設は
12ヵ所である。

表4　各工程の危険物の貯蔵量

工程	危険物
せん断・溶解	硝酸 123 ㎥、ジルコニウム 6.4 トン
分離	ドデカン 85 ㎥、TBP 29 ㎥
精製	ドデカン 85 ㎥、TBP 29 ㎥、硝酸ヒドロキシルアミン
脱硝・製品貯蔵	硝酸 123 ㎥

* 硝酸の比重：1.502、nドデカンの比重：0.75、TBP の比重：0.979

表5　危険物貯蔵施設と全面火災時の強制対流による到達温度。

地点	施設名	危険物	到達温度（度）
1	ボイラ建屋	灯油	216
2	ハルエンドピース	硝酸、ジルコニウム *	212
3	前処理建屋	硝酸、ジルコニウム *	195
4	分離建屋	nドデカン、TBP、硝酸	190
5	試薬建屋	硝酸ヒドロキシルアミン	182
6	精製建屋	nドデカン、TBP、硝酸ヒドロキシルアミン、硝酸	178
7	ウラン脱硝建屋	硝酸	168
8	ウランプルトニウム混合脱硝建屋	硝酸	167
9	ウラン酸化物貯蔵建屋	硝酸	165
10	ウランプルトニウム混合酸化物貯蔵建屋	硝酸	164
11	ボイラ用燃料受入貯蔵所	灯油	159
12	高レベル放射性廃棄物貯蔵管理センター	硝酸塩	211
13	管理棟	-	170

* ジルコニウム粉末は可燃性固体であり、自己発火性固体、自己発熱性化学品となる。また粉塵爆発の可能性がある。

　すなわち、引火点が 40〜60℃の灯油タンク、74℃のnドデカンが存在し、火災時に延焼を助長する硝酸が8ヵ所、自己反応を起こす硝酸ヒドロキシルアミンが2ヵ所ある。全面火災時

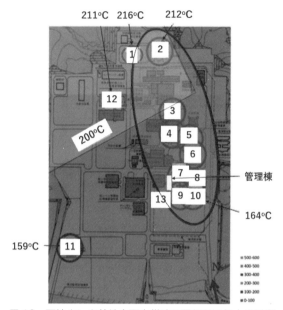

211°C　216°C　　212°C

200°C

管理棟

164°C

159°C

図10　石油タンク基地全面火災時の再処理工場内の温度
分布。円内は危険物

図11　再処理工場の鳥瞰図（北西より）

152

図 12　灯油タンク
（地点 11）

にはこれら工場群は石油タンク基地からわずかに 1580m にあり、輻射熱だけでも引火点に達し、強制対流を考慮すれば、風下は 200 度を超え、n ドデカンの発火点 200 度、灯油の発火点 255 度にも迫るものである（図 10 参照）。各地点の全面火災時の強制対流による到達温度を表 5 にまとめた。引火点は優に超えている。危険物の発火は引火点と発火点の両者で評価され、特に火災時の火の粉が存在する場合、引火点で評価しなければならない。熱に弱い HEPA フィルターは、熱風と火の粉で崩壊し、直接、危険物が熱風と火の粉にさらされる。消防法に規定される危険物は、第 1 類から 6 類に分類され、表 4、5 に示す危険物である、第 4 類引火性液体：n ドデカン、TBP、灯油、第 5 類自己反応性物質：硝酸ヒドロキシルアミン、第 6 類酸化性液体：硝酸に加えて、第 1 類酸化性固体：硝酸塩類、第 2 類可燃性固体：金属粉も含まれる。これに高圧ガスの水素が加わる。

(3)　危険物の到達温度

　さらに、TBP は硝酸との化学反応で、「レッドオイル」に変

化する。レッドオイルは130度以下では安定しているが、130度を超えると爆発を起こす。分離・精製工程で大量に使用されるTBPは廃液として、レッドオイルに変化し、引火点160度、発火点410度の危険物から、130度で爆発する危険物に変化するのである。

爆発事故例：
1953年1月12日　米国軍事核化学工場サバンナ・リバー・プラントで大爆発
1993年4月6日　ロシア、軍事秘密基地トムスク7で大爆発

9.4.「本件石油備蓄基地火災により換気系の高性能フィルターの性能が維持できず、放射能が漏出するとの原告らの主張には理由がないこと」に対する反論

　被告は、プルトニウム精製搭セルの排気系の高性能フィルターについて、使用温度を200度としているが、ガラス固化体貯蔵の収納管及び通風管の冷却のための外気取り入れ口にはフィルターはないとして、ほかのフィルターは、石油備蓄基地の火災によって機能喪失することはなく、耐熱温度の80度には根拠がないとした。

　高性能フィルターは、日本工業規格JISZ4812「放射性エアロゾル用高性能エアフィルタ」とJISB9908（1〜6）「換気用エアフィルタユニット・換気用電気集じん器の性能試験方法」で規定される。また、規格中の難燃材料は、建築基準法施行令第一条の6に規定され、難燃材料とは加熱により、5分間耐えられる材料と定義できる。高性能フィルターはユニットとして、ろ材、外枠、ガスケット、セパレータ、密封材で構成される。

　さらに、ろ材は補足する粒子の直径により、4種類に分類さ

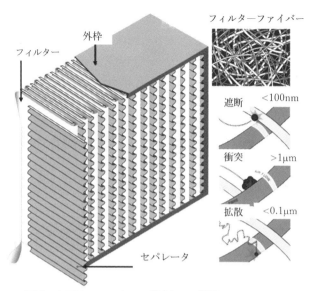

図13　HEPA フィルターの構造とその機構

表6　高性能フィルターの耐熱温度

部　材	材　料	耐熱温度
ろ　材	ガラス繊維	180℃
外　枠	アルミ	150℃
ガスケット	ゴム	100℃
セパレータ	アルミ	150℃
密封材	接着剤	80℃

表7　工業プラスチックの耐熱温度

材　料	耐熱温度
ポリプロピレン	100～140℃
塩化ビニル	60～80℃
ポリスチレン	70～90℃
ポリエチレン	70～90℃
ポリエステル	238℃
ポリアミド	265℃

れる。すなわち、平均粒径が1ミクロン、2.5ミクロン、10ミクロン、それ以上である。放射性エアロゾル用高性能フィルターは、0.3ミクロン以上の粒子を99.9％以上捕捉すると、規定される。しかし、換気用では最も粗いフィルターとなる。

ところで、高性能フィルターの耐熱温度は、各部材の耐熱温度で決まる。ろ材は難燃性で、ガラス繊維と不織布である。耐熱温度は200度と100度である。外枠は合板、金属で、耐熱温度は種類により異なるが、アルミであれば、150度である。ガスケットは、材質により異なるが、ゴムであれば100度である。密封材の接着剤の耐熱温度は80度である。したがって、耐熱温度は80〜200度の範囲となる。

さらに、付属設備として、送風などの電気系統では、工業プラスチックが使用される。主な材料の耐熱温度を表7に示す。

したがって、特別の条件がない限り、これらの材料が使用され、汎用材料であれば、80度程度が耐熱温度である。耐熱の条件であれば、ポリアミドが使用され、265度まで耐熱温度は上昇する。再処理施設は、内部は硝酸の濃度が高く、金属でもステンレスかチタンを使用しないと腐食する。外部は海岸に近く、海塩濃度が高く、ステンレスSUS304でも腐食する。

建築基準法に規定する難燃材料は、火炎による加熱状態で5分しか持たない。80度を超える熱風が吹き込まれ、さらに高熱の火の粉も含まれれば、高性能フィルターが機能するのは時間の問題である。石油基地は16日間燃焼を続け、林地火災も伴い、200度前後の熱風が風下を襲う。これに対し、消火設備は、大型化学消防車1台、大型高所放水車1台、泡原液搬送車1台、甲種化学消防車2台、乙種化学消防車1台で対応する。基地の出火から全面火災までわずかに1時間、人体接近限界は3070mに及び、消火不能の状態に陥るのである。

低レベル廃棄物処理建屋　　管理棟A　　低レベル廃液処理建屋

管理棟B

管理棟B
管理棟A
北西側

管理棟B　　管理棟A
南東側

図14　管理棟の写真。管理棟A（60m×24m）、管理棟B（44m×29m）。

分離建屋と精製建屋には、引火点 72 度の n ドデカンが充満し、吸気口の HEPA フィルターは、耐熱温度が 80〜200 度で、たちまち崩壊し、200 度の熱風が流れ込んで来るのである。

　排気系の高性能フィルターも熱風の浸入で機能しなくなり、放射能が放出されてしまう。

9.5. 「管理棟の窓ガラスが割れ、熱風が流入し、再処理工場は無人状態となるとの原告らの主張には理由がないこと」に対する反論

　管理棟は 2 棟あり、6 階建てと 8 階建てである。

　被告の主張する管理棟は「事務建屋」と称し、「安全機能を有する施設」ではないとして、運転員が詰めている中央制御室等については、火災防御対象施設であるから、窓がないほか、2 次的影響についても外気と遮断することによって影響を受けないとして、原告の主張には理由がないとしている。事務建屋は生産に関係ないので、一般の建築基準法で設計され、安全機能は有しないとしている。すなわち、一般家屋として延焼し、焼失するだろう。

　しかしながら、石油基地は 16 日間燃焼を継続する可能性があり、風下側には熱風と火の粉で「人体接近限界」が 3070m を超えてしまう。すなわち、再処理工場内に接近できなくなるのである。事務建屋は、従業員が出勤し、休憩に使用し、会議や宿泊を提供するので、実質、再処理施設の管理機能を果たす。輻射熱の評価でもあえて、窓ガラスを外し、関東地震や新潟地震時に現れ、決定的な延焼と消火不能に至らせた対流熱伝達を無視したことは、石油基地において震度 5 の地震が発生する最大の危険性をも無視したことになる。事故発生から、延焼に至るまで、わずかに 1 時間である。林地火災も 1 時間後には直近

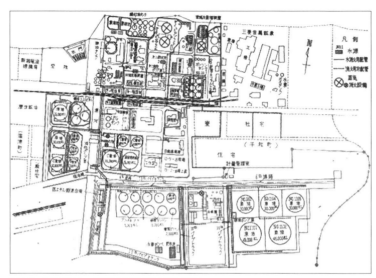

図15　昭和石油・三菱金属鉱業施設配置図

に至り、再処理施設内は地上階・地下を問わず、すべての従業員が退避しなければならない事態となり、有機溶媒の管理は不能になる。吸気系高性能フィルターは80度で機能しなくなり、充満したドデカンは引火点72度で発火する。侵入した熱風により排気系高性能フィルターも機能しなくなり、大量の放射能の放出が始まる。

9.6.「本件石油備蓄基地の爆発による影響を考慮すべきであるとの原告らの主張には理由がないこと」に対する反論

　被告は、石油備蓄基地（5,763,000キロリットル）が高圧ガスタンクではないので、爆発の影響評価は省略したと反論した。つまり、原油は爆発しないので必要ないとした。

　しかしながら、新潟地震では、昭和石油において、原油タンク（総量180,000キロリットル）は繰り返し、爆発を起こした。

消防庁がまとめた事故の報告書（消防庁、1965）では、新潟市内には、製造所 35、屋外タンク貯蔵所 760、屋内タンク貯蔵所 145、地下タンク貯蔵所 48、給油取扱所 63 が存在し、被災した。地震発生直後（1964 年 6 月 16 日 13 時 1 分 40 秒）、「石油タンクが爆発し、炎上しているという情報があった」。同 17 時、消防車 1 台が現場に到着した。「消防隊は油タンクの誘爆の危険性が考慮された」、同 18 時 30 分、「昭和石油ＫＫ新潟製油所と三菱金属新潟第 1 工場の境界付近から爆発音とともに火炎が上昇した」。翌 6 月 17 日 8 時、「石油タンクが誘爆し、火勢は遂に運河を突破した」。6 月 18 日山積みのドラム缶は爆裂し、「さらに 1200㎥ のプロパンガス球形タンクの配管が損傷しその火柱は 20m にも達し、これらが幅 1500m 奥行き 800m の広大な範囲にわたりものすごい轟音あるいは異様なうなりを生じ燃え上がっていた」。同日、「15000 キロリットル重油タンクは北側上部天蓋部が口をあけ内部に引火」した。「4800 キロリットル重油タンクは天蓋が 8m 位裂け、火炎は約 30m に昇り濛々たる黒煙は 5m の北風にのり幾百メートルにたなびいていた」。「15 時ごろ突然轟音とともにタンクが爆発、火柱約 50m に達して炎上」した。「さらに 21 時 30 分にもボイルオーバーを起こし前回同様にブロック 1 面に重油が飛散」した。

　以上のように、石油タンク群は爆発を繰り返し、ボイルオーバー（突沸）で、石油を吹き上げ、火の海と化した。もちろん高圧ガスタンクも爆発した。したがって、石油備蓄基地の爆発を考慮しないことは過去の事故を全く無視するものである。新潟地震では最初の消防車が現場到着したのが 4 時間後であった。昭和石油の 32 倍の貯蔵量で、当時とタンクの構造はほとんど変わらない本件巨大石油備蓄基地の火災を現在の消防施設で防げると考えているのであろうか。

9.7. 結論

　むつ小川原国家石油備蓄基地は5,763,000キロリットルの原油を貯蔵し、そのエネルギー量は広島型原爆で換算して3292発分である。再処理工場は、使用済燃料受け入れ3393トン、在庫2968トン（2021年7月）、合計6361トンである。その放射能量は広島型原爆で換算して、100,173発分である。すなわち、六ヶ所村は、エネルギー量で広島型原爆3000発分、放射能で広島型原爆10万発分がわずか1kmの距離で向き合っているのである。かたや、震度5〜6の地震で全面火災に至った過去の事例から明らかな「火薬庫」であり、かたや全人類を死滅させる放射能量である。

　六ヶ所では全体の51％に相当する風が西〜北北西の方位であり、石油備蓄基地から再処理工場に向かって吹き付ける。ガラスをも溶かす輻射熱と200度に達する熱風と高熱の火の粉を帯びた黒煙が再処理工場を襲う。大量の危険物で運転される工場内は、換気口で80度の耐熱温度で、わずか5分間の耐火性しかないHEPAフィルターが火災時、機能を失ってしまう。消火設備は、大型化学消防車1台、大型高所放水車1台、泡原液搬送車1台、甲種化学消防車2台、乙種化学消防車1台で対応する。基地の出火から全面火災までわずかに1時間、人体接近限界は3070mに及び、消火不能の状態に陥るのである。惨劇しかないではないか。

参考文献

消防庁、新潟地震火災に関する研究、全国加除法令出版、1965。
内務省社会局、大正震災志、1926。
梶秀樹・塚越功、都市防災学、学芸出版社、2007。
S. K. Mencher, *Chemical Engineering and Processing*, 63, 10, pp81, 1967。

James G. Quintiere, *Principles of fire behavior*, Delmar, 1998。(邦訳、基礎火災現象原論)

吉村昭、関東大震災、文藝春秋、2004。

日本火災学会、火災と消火の理論と応用、東京法令出版、2005。

堀内三郎・保野健次郎、水島臨海工業地帯防災対策の調査研究、倉敷市、1975。

広瀬隆、最後の話、新潮社、1994。

高木仁三郎、下北六ヶ所村核燃料サイクル施設批判、七ツ森書館、1991。

広河隆一、沈黙の未来、新潮社、1992。

安全工学協会、火災爆発事故事例集、コロナ社、2002。

付録 1 　過去の地震時のタンク火災事故

過去の主な地震とタンク火災を示す。

表 1　主な地震と石油タンク事故

地震	日時	主な被害
関東地震 M 7.9、震度 6。	1923 年 9 月 1 日 11 時 58 分	横浜石油タンクが 12 日間火災。横須賀海軍重油タンクが 16 日間火災。
新潟地震 M 7.5、震度 5	1964 年 6 月 16 日 13 時 1 分	昭和石油基地が爆発炎上。16 日間炎上、169 基中 138 基焼損。津波による海上流出。昭石の消防車 4 台に県内県外から消防車 42 台が応援。
宮城沖地震 M 7.4、震度 5	1978 年 6 月 12 日 17 時 14 分	ガスホルダーが倒壊、炎上。製油所で重油の流出。
日本海中部地震 M 7.7、震度 3〜5	1983 年 5 月 26 日 11 時 59 分	震度 5 の秋田市内の原油タンクが炎上。震度 3 の新潟市内の原油タンクがスロッシングから原油の溢流。
兵庫県南部地震 M 7.3、震度 6	1995 年 1 月 17 日 5 時 46 分	大型の LPG タンクより LPG 漏えい。169 基の製品タンクに損傷。消火ポンプ使用不能 3。

十勝沖地震 M 8.2、震度 5	2003 年 9 月 26 日 4 時 50 分	原油タンク 1 基、ナフサタンク 1 基が発火し、全面火災。190 基のタンクの 91 基が損傷。2 日間炎上。
東日本大震災 M 9.0、 震 度 5 ～6	2011 年 3 月 11 日 14 時 46 分	コスモ石油の LPG タンクが倒壊、爆発、11 日間炎上。JX の LPG タンクも爆発、5 日間炎上。

(1) 関東地震時のタンク火災

　1923 年 9 月 1 日、11 時 58 分、震度 6 の烈震が横浜石油タンク基地（8 万トン）と横須賀海軍重油タンク基地（10 万トン）を襲った。当日の気象条件は、風向南、南東で、風速は 10～15m/s であった。防油堤火災で全量火災炎上した。16 日間継続した。

　事故の主な特徴として、以下の点があげられる。

　①大量の火の粉と黒煙が空を覆った。大旋風が起こった。
　②爆発が連続して起こり、重油に引火した。引火点は
　　60～150 度である。
　③ CO 中毒で死者が出た。
　④横浜市中村町では、神奈川県揮発物貯蔵庫の石油類が
　　引火し、大爆発が連続した。
　⑤横浜港に浮遊する重油が引火し、海上火災を起こした。

(2) 新潟地震時のタンク火災

　1964 年 6 月 16 日、13 時 1 分 40 秒、震度 5 の強震が新潟の石油タンク群を襲った。当日の気象条件は、風向西、風速 5.2m/s であった。約 9 割のタンクが火災炎上した。16 日間継続した。原油の引火点 21 度未満。

図16 新潟地震の昭和石油のタンク群の火災。黒煙は真横にたなびいて
いた。(1964 年 6 月 18 日撮影)

　事故の主な特徴として、以下の点があげられる。

①防油堤破損により原油流出、200m に及ぶ。
②連続爆発を起こした。
③スロッシングにより流出した。
④フレキシブルパイプが破損した。
⑤液状化でタンクが沈下した(250～400㎜)。基礎地盤の
　沖積層が 10～15m であった。
⑥地下タンクが損傷し、地下水が流入し、パイプが破損

した。

⑦原油が引火した。

⑧津波により石油が流出した。

⑨原油タンク火災の火源として、浮き屋根、熱源、自然
　発火、静電気が推定された。

(3)　十勝沖地震時のタンク火災

　2003年9月26日、4時50分、震度5の強震が苫小牧の出光
興産北海道製油所のタンク群を襲った。当日の気象条件は、北
風、2.4m/sであった。ナフサ貯蔵のタンク2基が発火し、2日
間、炎上した。1基は浮き屋根が沈没しており、延焼による発
火と推定される。ナフサ引火点40～47度。

　事故の主な特徴として、以下の点があげられる。

①想定よりも大きなスロッシングが起き、消防法の見直
　しが求められた。

②2基の発火源は、浮き屋根と静電気であったと推定さ
　れた。

③配管の切断による火災があった。

　以上、過去の3つの事故から、地震時に火災が発生しており、
大災害に及んでいる。消防法と建築基準法、日本工業規格は改
善されてきたが、十勝沖地震で示されたように、震度5の強震
で、火災事故を起こしたのは、極めて重要であり、火源が浮き
屋根、静電気、熱源、自然発火と多様であり、引火により発火
した。スロッシングと防油堤破損、配管切断、津波による石油
流出と拡大で、敷地外に延焼した。図16（156頁写真）は新潟地
震の上空からの空中写真である。無風ではなかった。本件敷地

もまた、基礎地盤の沖積層は 10〜15m に及ぶ軟弱地盤である。

付録2　過去の地下タンクの事故

　過去の主な地下タンクの大事故は以下の通りである。

⑴　ウラルの核惨事（本書3参照）

⑵　米軍横浜地下タンク爆発事故

　1981 年 10 月 13 日、12 時 10 分頃、横浜にある在日米海軍鶴見燃料所小柴貯油施設の 6 号地下タンク（ジェット燃料 31,800 キロリットル）が爆発、高さ 50m の炎と黒煙を吹き上げた。火源は隣接タンクの配管の溶接作業の火花の引火と推定された。1979 年 7 月 27 日、同施設は落雷による火災事故も起きている。爆風により、付近の 500m 以内の家の窓ガラスが吹き飛んだ。着火炎上から、爆発、さらに大爆発を起こした。TNT 火薬に換算して、170 トンに相当する。タンク 1 基の 0.06 ％である。引火点 40〜75 度。

⑶　新潟地震での地下タンクの事故

　新潟地震時（1964 年 6 月 16 日）に、地下タンク 10 基（1500〜20000 リットル、合計 89400 リットル）が損傷し、重油が流出した。地下水の浸水も起きた。タンクの傾斜と沈下、振動により、送油管、タンクの接結配管、給油管が切断、破損した。ほかに、給油所 40 ヵ所が被災した。

⑷　トムスクの地下タンクの爆発事故

　ウラルの核惨事と同じく、1993 年 4 月 6 日早朝、ソ連の核

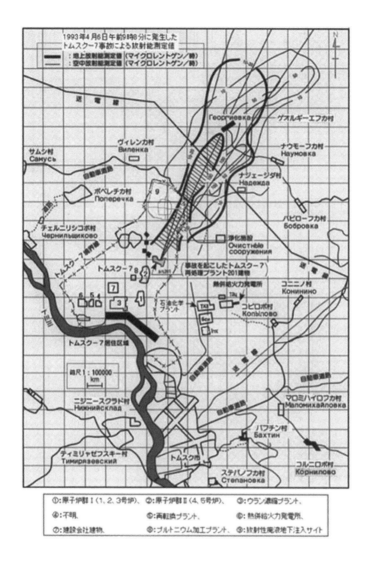

図17　核基地トムスク７の周辺地図と核汚染。

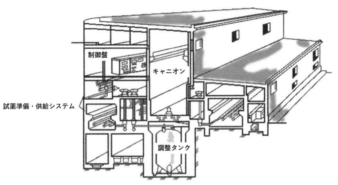

図18　トムスク7の爆発した地下タンク。

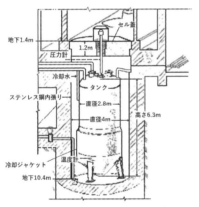

調整タンクの諸元	
事　　項	寸　　法
材　　質	ステンレス鋼
板　　厚　上部	14mm
	18mm
直　　径	2800mm
高　　さ	6930mm
容　　積	34.15m³
設 計 圧 力	5気圧

事故時に調整タンク内に存在していた溶液の組成	
種　　類	放射能量
ウラン量	8,773kg
プルトニウム量	310g　19Ci
アルファ放射能量	22Ci
ベータ・ガンマ放射能量	537Ci
全放射能量	559Ci
有機物量	150〜500L

図19　トムスク7の地下タンクの諸元。

基地、トムスク7で爆発事故が発生した。プルトニウム生産炉
5基のうち2基が運転中、大量の高レベル廃棄物のウラン溶液
タンクで発生した。TBPが劣化して生成したレッドオイルが
硝酸と化学反応して、密閉された地下タンクが大爆発を起こし
た。鉄筋コンクリートの厚い床版を吹き飛ばした。20気圧を

超える爆発力であった。ステンレスタンク内の8.7トンのウランと310グラムのプルトニウムが周囲に飛散し、深刻な核汚染をもたらした。トムスクはマヤク基地の1490km東方に位置する。

　以上、主な地下タンクの事故であるが、引火による事故があり、しかもジェット燃料の引火点は40〜75度である。nドデカンの引火点74度とほぼ同じである。nドデカンの地下タンクが安全であるとの保証はどこにもない。再処理工場や核施設では、ステンレス製の地下タンクが使用されるが、ハンフォード、ウィンズケールも含めて、爆発事故と核汚染は絶えない。地下タンクは決して、安全を意味しない。

付録3　HEPAフィルターと難燃材

　HEPAフィルターは、ろ材、外枠、ガスケット、セパレータ、密封材から構成されており、材質は難燃性で、合板、金属、紙、プラスチック、ガラスが使用される。難燃材料とは5分間加熱後、燃焼しない材料である。プラスチックは、ポリプロピレン、ポリスチレンなどが、使用されるが、耐熱温度は70度〜100度である。ガラス繊維では180度である。したがって、HEPAフィルターユニットとしては、耐熱温度は70度となる。せいぜい80度である。難燃材料は、加熱状態で5分しか耐えられない。16日間も燃え続ける国家備蓄石油タンク火災では、機能せず、崩壊し、火災の熱風と黒煙、火の粉は換気口から工場施設内に流入してしまう。

付録4　レッドオイルによる事故

　レッドオイルとは、TBPが希釈液nドデカンと、120度を

超える温度で濃硝酸と接触した時に形成されるオイル状の液体のことである。TBPとnドデカンの引火点は160度、74度であり、発火点は、410度、200度であるが、レッドオイルは130度以上で爆発する。

　深刻な事故として、1953年1月12日、米国軍事核化学工場のサバンナ・リバー・プラントで、有機溶媒の大爆発が発生、建物が大きく破損、ウラン溶液が飛散し、作業員2名が負傷した。ウランの入った硝酸溶液を蒸発濃縮した際、混入していたTBPが反応し、レッドオイルが生成して起きた事故である。蒸発缶は6つの大きな破片にくだけ、建物の屋根と壁が大破した。

　1993年4月6日早朝、ロシアの核基地、トムスク7で爆発事故が発生した。プルトニウム生産炉5基のうち2基が運転中、大量の高レベル廃棄物のウラン溶液タンクで発生した。TBPが劣化して生成したレッドオイルが硝酸と化学反応して、密閉された地下タンクが大爆発を起こした。鉄筋コンクリートの厚い床版を吹き飛ばした。20気圧を超える爆発力であった。ステンレスタンク内の8.7トンのウランと310グラムのプルトニウムが周囲に飛散し、深刻な核汚染をもたらした（付録2参照）。

10. HEPA フィルターの無効性

　再処理工場の工程ごとに、気体成分は空気中に放出され、HEPA フィルターを通して、外部に漏出する。放射性気体成分としては、核燃料中のトリチウム、臭素、クリプトン、ヨウ素、キセノンがあり、さらに低融点のセシウム、ガリウム、水銀、リンが放出される。HEPA フィルターは、固体粒子に対して、0.3 ミクロン径以上で、99.99％除去すると規定されている。しかし、気体成分には補足機能はなく、ほぼ素通りする。また、高レベル硝酸溶液は常温で蒸発し、蒸発時に硝酸塩として放射性金属を放出する。これらの総量は、処理量に比例し、1 日当たりの推定が可能である。そこで、トリチウム、不活性ガス、ハロゲン、硝酸塩金属の漏出量を推定した。

　主なガス状の放射性物質の一覧を表 1 に示す。

　これらは最初の工程（せん断・溶解）から、すでに外部に漏

表 1　主なガス状の放射性物質

放射性物質	1 トン当たりの重量 g	放射能 Bq/t
トリチウム	0.0717	2.55×10^{13}
臭　素	13.8	6.34×10^{16}
クリプトン	360	4.07×10^{14}
ヨウ素	212	8.21×10^{10}
キセノン	487	1.15×10^{16}
合　計	1073	6.39×10^{16}

出を開始する。

　次に、燃料のせん断片を硝酸に溶解し、硝酸溶液としたときから、硝酸塩として蒸発を開始する。不溶解の成分としては、ルテニウム、パラジウム、モリブデンがある。

表2　主な不溶解成分

放射性物質	1トン当たりの重量 g	放射能 Bq/g
モリブデン	3090	5.5×10^{19}
ルテニウム	1900	2.32×10^{17}
パラジウム	849	2.37×10^{18}
合　計	5839	5.76×10^{19}

表3　水、硝酸塩、ドデカンの蒸気圧と蒸発量

項　目	水	硝　酸	ドデカン
蒸気圧 kPa	2.3215	6.4	0.008
蒸発量 *mm/day	4.25	11.73	0.015

* 気温：20℃、湿度：50%、風速：1m/s。

　ここで、蒸発量は硝酸が最も多く、これに関して計算する。1日当たりの処理量はウラン換算で5.25トンとする。使用済ウラン燃料1トン当たり、4258モルに相当する。溶解に必要な硝酸は8666モルである。溶解槽では、最大濃度350g/ℓとして、使用硝酸量は最小13714リットル、約14トンとなる。すなわち、1規定の硝酸が想定されている。1日に72トンの硝酸を消費する。高レベル廃液を主として、せん断・溶解工程と分離工程における、硝酸の排出量を貯槽の断面積と硝酸の蒸発量から求めた。

⑴　ガス状放射性物質の放出量
　1日のウラン燃料の処理量を5.25トンとすれば、重量5.63kg、

放射能 2.27×10^{15}Bq（6万キューリー）となる。広島原爆の放射
能が600万キューリーであるから、1日でその0.01発分が放出
されている。年間約4発分に相当する。

(2) せん断・溶解工程と分離工程での硝酸の蒸発量

せん断・溶解工程と分離工程では、1日の槽内の硝酸蒸発量
は、1085kgで、極めて大量に蒸発する。これらが、漏出した場
合、深刻な事故となる。

表4 せん断・溶解工程と分離工程での硝酸の蒸発量

工程	貯槽	基数	容量㎥	断面積㎡	蒸発量kg
せん断・溶解	溶解槽	1	0.25	0.395	4.63
	ヨウ素追出し槽	2	1.2	2.26	26.49
	中継槽	2	7	7.37	86.36
	計量前中間貯蔵	2	25	17.28	202.63
	計量調整槽	1	25	8.64	101.32
	計量後中間槽	1	25	8.64	101.32
分離	溶解液中間貯蔵	1	25	8.64	101.32
	溶解液供給槽	1	6	3.32	38.94
	抽出廃液受槽	1	15	6.14	71.95
	抽出廃液中間槽	1	20	7.44	87.25
	抽出廃液供給槽	2	60	31.07	364.3

硝酸が厄介な液体であるのは、反応塔、貯槽、配管で多く使
用されるステンレス鋼が応力腐食割れを起こすという弱点があ
り、工場では、バルブ、ポンプ、コンプレッサー、冷水塔、プ
ロセスドレーン、排水セパレータ、ブローダウンシステム、逃
し弁、その他でも漏えいが起こる。強酸として、ガスとして、
放射性同位体とともに漏出する。セル外では、HEPA フィル
ターしか、防ぐ手段はないが、0.3 ミクロン以下の固体粒子か
ガスであれば、素通りしてしまう。廃ガス処理、廃液処理に至

る途中の配管系で漏れた場合、トリチウム、不活性ガス、ハロ
ゲン元素、低融点金属、硝酸塩は、外部に漏れてしまうのであ
る。セシウムは融点 28.5℃であり、低融点金属である。

(1) 再処理工場では、1日にガス状放射性物質を重量で
5.6kg、放射能 2.27×10^{15}Bq（6万キューリー）排出する。
これは、広島型原爆 0.01 発分に相当する放射能を日
常的に排出することを意味する。年間約4発分に達す
る。HEPAフィルターは、0.3ミクロン以上の固体粒
子にしか機能せず、ガス状放射性物質は、大気中に排
出される。

(2) 再処理工場では、1日に使用済ウラン燃料を溶解す
るために、1規定の硝酸を 72 トン消費する。総量で
広島原爆4発分の放射性同位体が1日で処理される。
したがって、硝酸が微量でも漏れれば、深刻な汚染と
なる。特にセル外で漏出すれば、HEPAフィルターは、
0.3ミクロン以下の固体粒子かガスであれば、素通り
してしまう。

広島原爆の被害は直接的な爆発火災のみならず、放射性同位
体による被曝、特に内部被曝が長期にわたる生態に対する影響
が大きく、白血病、がん、多臓器不全といった特有の病状が
六ヶ所村に現れてくる。

参考文献
電気事業講座編集委員会、原子燃料サイクル、エネルギフォーラム、
2002.
S. K. Mencher, *Chemical Engineering and Processing*, Vol. 63, No. 10, pp.
81, 1967.

付録1　気液分配係数と蒸発量

　硝酸溶液からの放射能の蒸発は、液相濃度と気相濃度の比率から算出される。この比率を気液分配係数といい、液相のモル濃度、蒸気圧（温度）から規定される。貯槽（タンク）内では、硝酸溶液が気相との間で、平衡状態にあり、一定の蒸発が常時生じており、また、その溶質である放射性同位体は、濃度と温度で規定される一定比率で蒸発する。この係数は $10^{-6} \sim 10^{-4}$ であり、実験的に求めることができる。以下の理論式が近似的に成り立つ。

$$K_d = \frac{p_i}{p_0 x_i}$$

　ここで、K_d：気液分配係数、p_o：溶媒の蒸気圧、p_i：溶質の蒸気圧、x_i：溶質のモル分率である。溶媒は硝酸、溶質はセシウムなどの放射性同位体である。

　溶質の蒸発量は、実験的には次式で表現される。

$$y = C \left(exp \left(a(T - T_m) \right) \right)$$

　ここで、y：蒸発量、T：廃液の温度、T_m：溶質の融点、C, a：係数である。蒸発量は、温度の上昇で急激に増加する。溶質の融点が低いほど、蒸発量は増加する。

11. 高レベル放射性廃液タンクの危険性

11.1. はじめに

　2022 年 7 月 2 日、高レベル放射性廃液タンク（300 キロリットル）において、冷却水停止による温度上昇の事故が起きた。核施設の大事故には、「ウラルの核惨事」と呼ばれる事故がある。1957 年 9 月 29 日 4 時 20 分、ソ連ウラル地方チェラビンスク州マヤーク核基地で爆発事故が発生した。同施設は、原子爆弾用プルトニウムを生産する原子炉 5 基と再処理施設からなり、1948 年から着工された。2000 万キューリーの放射性同位体が大気中に排出され、1 億 2000 万キューリーの同位体が水域に排出された。この事故はチェルノブイリ、福島と並ぶ大事故であり、風下 300km にわたり、放射能汚染が起こり、大量の被曝者が発生し、事故後、汚染地帯は廃村となった。事故原因は、地下タンクの冷却水の停止に伴う、硝酸廃液の蒸発乾固による化学爆発と推定されている。タンク内壁に析出した硝酸塩が爆発の原因と考えられている。すなわち、高レベル放射性廃液の温度上昇は爆発の危険性がある。国際原子力事故評価尺度では、レベル 7 は福島とチェルノブイリ原発事故、レベル 6 はウラルの核惨事、レベル 5 はスリーマイル島ほかと評価されている。

　高レベル放射性廃液には、核分裂生成物の硝酸塩が含まれている。この硝酸塩は熱分解により酸素を生成し、爆発を起こす。当時、24 度に保持されるはずが、32 度に上昇した。

該当する硝酸塩の熱分解温度は、硝酸セシウム：49℃、硝酸ベリリウム：室温、硝酸酸化ジルコニウム：室温、硝酸ロジウム：50℃、硝酸パラジウム：45℃、硝酸亜鉛35℃である。

　この中で硝酸ベリリウム、硝酸酸化ジルコニウム、硝酸亜鉛は熱分解寸前あるいは途上にあった。つまり、大惨事寸前の事故であった。しかも液体廃棄物の総貯蔵量は460キロリットルである。

　現状の高レベル放射性廃液タンクの危険性について、過去事例に鑑み、定量評価を行った。

11.2. 硝酸塩の熱分解温度の推定

　硝酸塩の熱分解温度は、「危険物ハンドブック」および田川の論文（1987）から、推定した。ここで、取り上げた硝酸塩としては、NH_4NO_3、$NaNO_3$、KNO_3、$RbNO_3$、$CsNO_3$、$Be(NO_3)_2$、$Mg(NO_3)_26H_2O$、$Ca(NO_3)_24H_2O$、$Sr(NO_3)_2$、$Ba(NO_3)_2$、$Y(NO_3)_36H_2O$、$La(NO_3)_36H_2O$、$Ce(NO_3)_36H_2O$、$Pr(NO_3)_36H_2O$、$Nd(NO_3)_36H_2O$、$Sm(NO_3)_36H_2O$、$ZrO(NO_3)_22H_2O$、$Cr(NO_3)_39H_2O$、$Fe(NO_3)_39H_2O$、$Co(NO_3)_26H_2O$、$Ni(NO_3)_36H_2O$、$Rh(NO_3)_3$、$Pd(NO_3)_2$、$Cu(NO_3)_23H_2O$、$AgNO_3$、$Zn(NO_3)_26H_2O$、$Cd(NO_3)_24H_2O$、$Al(NO_3)_39H_2O$、$TlNO_3$、$Pb(NO_3)_2$、$Bi(NO_3)_35H_2O$ ほかである。

　熱分解とは、例えば硝酸アンモニウムの場合、

$$2NH_4NO_3 \rightarrow 2N_2+4H_2O+O_2$$

のように、窒素と酸素に分解し、さらに、激しく酸化反応が発生し、爆発火災を起こす。

　高レベル廃棄物の時間変化は図1の通りである（広瀬、1999）。最高166度である。

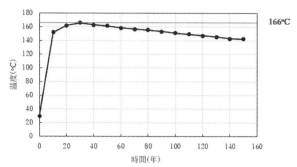

図 1　高レベル廃棄物の温度の時間変化

11.3. 硝酸塩の TNT 換算

　熱分解する可能性のある硝酸塩の標準生成エンタルピーを求めた。ウラン燃料の使用済の燃料の放射性同位体の濃度を求めた。冷却水停止して、熱分解する硝酸塩の各量を求め、TNT換算を熱量から換算した。TNT 換算は 1000cal/g とした。現在、貯蔵中の総量から、総 TNT 量を推定した。

11.4. 熱分解温度

　高レベル廃棄物の温度は、冷却しない状態では約 170 度まで上昇する（図 1）。この温度で熱分解するのは、硝酸アンモニウム（熱分解温度 142℃）、硝酸セシウム（同 49℃）、硝酸ベリリウム（同 100℃）、硝酸ジルコニウム（同 123℃）、硝酸ロジウム（同 50℃）、硝酸パラジウム（同 45℃）、硝酸アルミニウム（同 150℃）、硝酸ビスマス（同 135℃）である。冷却水が停止した場合、温度上昇が 170 度付近まで進み、これらが熱分解し、爆発の危険が生じる。すなわち、該当する金属元素の酸化物の標準生成エンタルピーを求めた。合わせて、該当する金属元素のウラン燃料 1 トン当たりの重量も求めた。

以上の結果を表1にまとめた。

表1 硝酸塩の熱分解温度と標準生成エンタルピー

硝酸塩	熱分解温度	トン当たりの重量	標準生成エンタルピー
硝酸アンモニウム	142℃	–	
硝酸セシウム	49℃	2400g	345.77 kJ/mol
硝酸ベリリウム	100℃	0	609.6 kJ/mol
硝酸ジルコニウム	123℃	342g	1100.56 kJ/mol
硝酸ロジウム	50℃	319g	343 kJ/mol
硝酸パラジウム	45℃	849g	85.4 kJ/mol
硝酸アルミニウム	150℃	0	1675.7 kJ/mol
硝酸ビスマス	135℃	0	573.88 kJ/mol

11.5. 再処理工場の TNT 換算

再処理工場は、受け入れ3393トン、在庫2968トン（2021年7月）、合計6361トンである。液体廃棄物の総貯留量は460キロリットルである。トン当たり、ウランとプルトニウムを除くと、24.4kgが高レベル放射性廃棄物である。すなわち、在庫の2968トン中、72.4トンである。TNT換算4184J/gで換算して、最終的に8451TNTトンとなった。

表2 主な放射性同位体の TNT 換算結果

放射性同位体	トン当たりg	モル量	エンタルピーkJ/mol	エネルギー量kJ
セシウム	2400	51944	345.77	17,978,021
ジルコニウム	3420	10915	1100.56	12,012,151
ロジウム	319	9564	343	3,280,300
パラジウム	849	24464	85.4	2,089,259

合計　35,359,730kJ

広島型原爆が1600TNTトンであるから、爆発火災のエネル

ギーは、原爆5発分となる。

　また、当初、使用済ウラン1トン当たり、1.68×10^{17}Bqであり、高レベル廃棄物は1トン当たり、1.64×10^{17}Bqである。72.4トンが放出されれば、118.7×10^{17}Bq、321,621kCi（3億2162万キューリー）となる。ウラルの核惨事（1億2000万キューリー放出）の倍以上の放射性同位体の放出が予想される。広島原爆54発分の放射能である。国際原子力事象評価尺度でレベル7に相当する。

　2022年7月2日の高レベル放射性廃液の冷却水停止の事故があったが、1957年9月29日のウラルの核惨事（レベル6）もまた高レベル放射性廃液の冷却水停止に伴う化学爆発事故であった。今回の事故は、冷却水停止から硝酸塩の熱分解により核惨事が起こる寸前であった。ウラルの核惨事の地下タンクは300キロリットルであり、本件液体廃棄物の総貯留量は460キロリットルである。ウラルの爆発力はTNT火薬100トン相当と推定されている。1947年完成のプルトニウム工場は9年後、大爆発を起こした。1億4000万キューリーの放出で住民10,734名の3.14％が死亡した。住民は強制隔離されたが、六ヶ所村の人口にほぼ等しい。

　高レベル廃棄物が冷却水停止で、3億2162万キューリー、ウラルの換算時の倍以上の災害となる。広島型原爆54発分の放射能である。福島、チェルノブイリ級の国際原子力事象評価尺度でレベル7である。六ヶ所村全滅である。いうまでもなく、HEPAフィルターは爆発火災には全く無力である。爆発による風圧でコンクリート建屋が崩壊に至るからである。

参考文献

J. G. Quintiere, *Principles of fire behavior*, 1998（基礎火災現象原論、共立

出版、2009)。

消防庁特殊災害室、石油コンビナートの防災アセスメント指針、2013.

Z. A. Medvedev, *Nuclear disaster in the Urals*, W.W.Norton & Com., 1979 (ウラルの核惨事、技術と人間、1982)。

疋田強、火災・爆発危険性の測定法、日韓工業新聞社、1977.

田川博章、硝酸塩の熱分解、横浜国大環境研紀要、1987.

安全工学会、実践・安全工学「物質安全の基礎」、化学工業日報社、2012.

L. Bretherick, *Handbook of Chemical Hazards*, Butterworth and Com. 1984.

広瀬隆、恐怖の放射性廃棄物、集英社、1999.

日本化学会、化学便覧基礎編Ⅱ、丸善、1993.

付録 1 硝酸塩の熱分解温度

硝酸塩の熱分解温度（田川、1987; Bretherick, 1983)。

硝酸塩	熱分解温度	融点(自溶温度*)
硝酸アンモニウム	142	169.6
硝酸リチウム	430	264(29.88)
硝酸ナトリウム	380**	306.8
硝酸カリウム	400**	339**
硝酸ルビジウム	529	310
硝酸セシウム	49	414
硝酸ベリリウム	273	
硝酸マグネシウム	460	90*
硝酸カルシウム	500	60*
硝酸ストロンチウム	542	570
硝酸バリウム	550	592
硝酸イットリウム	700	20*
硝酸ランタン	330	80*
硝酸セリウム	600	55*
硝酸プラセオジム	310	70*
硝酸ネオジム	436	80*
硝酸サマリウム	418	90*
硝酸酸化ジルコニウム	123	
硝酸クロム	400	65*
硝酸鉄（Ⅲ）	200	50*

硝酸コバルト	309	55*
硝酸ニッケル	331	55*
硝酸ロジウム	50	
硝酸パラジウム	45	
硝酸銅	70	125*
硝酸銀	362	
硝酸亜鉛	35	36.4*
硝酸カドミウム	323	RT***
硝酸アルミニウム	150	85*
硝酸タリウム	333	206
硝酸鉛	370	
硝酸ビスマス	135	
硝酸スズ		
硝酸プルトニウム		
硝酸ウラニル		60
硝酸ヒドロキシルアンモニウム	100	

* 結晶水に自溶する温度。** 危険物取扱者試験テキスト。***RT：室温。

....

付録2　主な核生成物

種類	核種名	元素記号
アクチノイド	ウラン	^{235}U
	ネプツニウム	^{237}Np
	プルトニウム	^{239}Pu
	アメリシウム	^{241}Am
	キュリウム	^{244}Cm
核分裂生成物	トリチウム	^{3}H
	セレン	^{79}Se
	臭素	^{83}Br
	クリプトン	^{85}Kr
	ルビジウム	^{84}Rb
	ストロンチウム	^{90}Sr
	イットリウム	^{88}Y
	ジルコニウム	^{93}Zr

	ニオブ	^{94}Nb
	モリブデン	^{93}Mo
	テクネチウム	^{99}Tc
	ルテニウム	^{103}Ru
	ロジウム	^{99}Rh
	パラジウム	^{103}Pd
	銀	^{110m}Ag
	カドミウム	^{115m}Cd
	インジウム	^{115}In
	スズ	^{121m}Sn
	アンチモン	^{125}Sb
	テルル	^{127m}Te
	ヨウ素	^{131}I
	キセノン	^{133}Xe
	セシウム	^{137}Cs
	バリウム	^{139}Ba
	ランタン	^{140}La
	セリウム	^{144}Ce
	プラセオジウム	^{143}Pr
	ネオジム	^{147}Nd
	プロメチウム	^{147}Pm
	サマリウム	^{151}Sm
	ユーロピウム	^{152}Eu
	ガドリウム	^{159}Gd
	テルビウム	^{160}Tb
	ジスプロシウム	^{157}Dy

．．．

付録3 気象条件

　1961年～2022年の青森の4地点の気象観測から、風向の傾向を解析した。

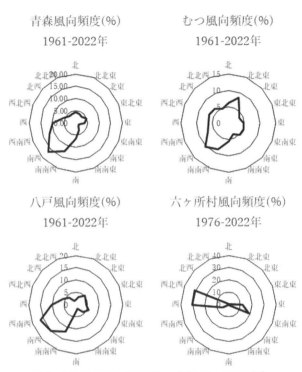

図2　青森県の風向の頻度分布（1976〜2022年）。

　むつを除けば、偏りが認められ、青森では南西風、八戸では南南西から南西風、六ヶ所村では西北西から西風が卓越している。このことは六ヶ所村で万一事故が起きた場合、六ヶ所村に限定された被害が集中的に起こることが示唆される。ただし、無風状態、静穏であった場合、分子拡散により、等方的に汚染が広がり、隣接する北海道、岩手県、秋田県にも被害が確実に及ぶ。

12. 冷却水停止事故と空間線量の増加

12.1. 冷却水停止事故

　2022年7月2日、15時31分、高レベルガラス固化建屋の供給液槽B（容量5㎥、貯蔵量2.6㎥）が23時44分まで、冷却水が停止した。同年6月19日より冷却水系Aは「内部ループ／冷却コイル注水接続口配管工事」のため、運転停止状態であった。7月2日18時50分、データ確認時、冷却水系Bのポンプ流量が15時30分頃から低下していた。その後、20時30分、B系の異常なしを確認した。さらに21時、異常なしを再確認した。

　しかしながら、当直員は22時、B系の廃液温度が5度上昇していることを発見した。B系の異常の確認に2人の当直員が調査を継続したところ、23時43分、B系の仕切弁の閉止をついに発見した。上司の指示で、仕切弁を23時44分、開いた。

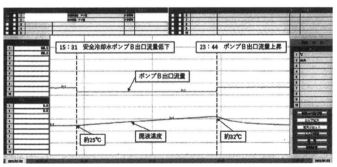

図1　事故発生時のポンプ流量と温度変化

23時50分、B系のポンプ流量が増加し、温度低下を確認した。

　すなわち、15時31分～23時44分まで冷却水が停止し、廃液の温度上昇が起きていた。

　この間、廃液温度は25度から32度に上昇した。放置すれば、100度を超え、150度に上昇する。廃液は高レベルの放射性同位体が大量に含まれており、硝酸塩として存在する。硝酸塩は常温でも発火し、反応が連鎖し、大爆発を起こすところであった。

　硝酸塩の熱分解温度は、発火点を意味する。ここで、発火の可能性があったのが、硝酸セシウム（発火点49度）、硝酸パラジウム（同45度）、硝酸ジルコニウム（同123度）、硝酸ロジウム（同50度）であった。液温は1時間に1度の上昇であったので、25度からの上昇で10時間後には硝酸亜鉛の発火点に達していた。翌日の午前中まで、仕切弁の閉止に気が付かなければ、大惨事が起きていた。硝酸塩はニトロ化合物と共に、火薬の原料であり、化学的に不安定であり、温度上昇、熱源、衝撃圧で、以下のように熱分解が起こる。

$$Pd(NO_3)_2 \quad \rightarrow \quad Pd + N_2 + 3O_2$$

　この結果、生成した金属と酸素が化合し、発火、爆発を起こすのである。

　高レベル廃液は、すべての放射性同位体が大量に含まれている硝酸溶液である。硝酸塩は、常温でも発火する。主な放射性同位体は、セシウム（発火温度49度C）、ジルコニウム（同123度）、ロジウム（同50度）である。100度以下の発火点（熱分解温度）の元素として、硝酸セシウム（49度）、硝酸ロジウム（同50度）、硝酸銅（同70度）、硝酸亜鉛（同35度）がある。該当タンクは32度まで上昇した。硝酸亜鉛の35度が最も近く、わず

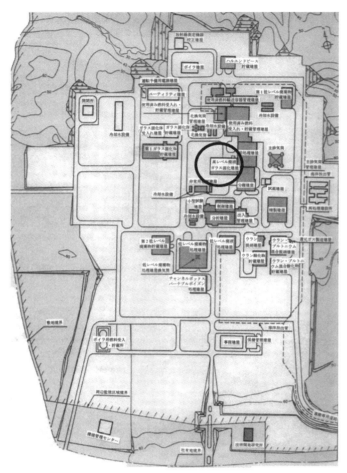

図2　高レベル廃液ガラス固化建屋

かに３度の違いである。発見が３時間遅れれば、発火・爆発した可能性があった。モル数で比較すれば、上位にはジルコニウム、モリブデン、ネオジム、ルテニウム、セシウム、セリウム、ストロンチウム、バリウム、パラジウム、テクネチウム、ラン

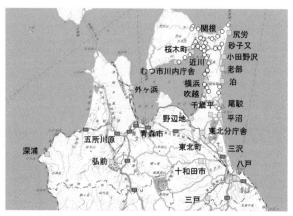

図3　青森県の放射能モニタリング27地点。

タン、プラセオジウム、イットリウム、サマリウム、テルル、ルビジウムが存在する。硝酸塩は酸化剤であると同時に、燃料でもある。1度、発火すれば、ほかの硝酸塩も発火し、特に硝酸バリウムは爆発を起こす。

　ウラルの核惨事では、爆発エネルギーは、7.88×10^7 ジュールと推定される。当再処理工場の供給液槽Bで、セシウムとジルコニウムだけで、4.65×10^7 ジュールの燃焼エネルギーである。蒸発量はわずか13リットルであり、セシウムだけで、3.27×10^{13}Bq である。放出された放射能は 5.91×10^{11}Bq である。すなわち、1.8％に相当する。広島型原爆のセシウムが 8.9×10^{13}Bq であり、その0.7％に相当する。これらの数値は、冷却水停止で、ウラルの核惨事や広島型原爆の核汚染にあと1歩で再現された事故といえるだろう。

　現在の在庫2968トン中の72.4トンが高レベル放射性廃棄物である。ほとんどは、高レベル廃液処理工程の貯槽に貯蔵されている。事故を起こしたのは、高レベル廃液ガラス固化建屋内

図4 六ヶ所村再処理工場のモニタリングポスト25地点（2023年2月
27日）

の5㎥タンクである。

12.2. 空間線量モニタリング

　原子力規制委員会は全国に放射能モニタリングの自動計測器
を設置し、時々刻々、発表している。青森県27ヵ所のモニタ
リングのほかに、六ヶ所村の再処理工場にも25地点で計測さ
れている。

　ここで、図4左図は、再処理工場周辺のモニタリングポスト
であり、11〜14mSv/hを示している。図4右図は、再処理工
場内のモニタリングポストで、24〜462cpmを示している（2023
年2月27日）。地図（図4）の凡例を以下に示す。数値は観測値
（cpm）。

A1：再処理工場、主排気筒ガスモニタ（24）
A2F：再処理工場使用済燃料受入・貯蔵施設、北排気筒ガスモニタ
　（81）
A2E：高レベル放射性廃棄物貯蔵管理センター、北排気筒ダストモ
　ニタ（28）
EB：高レベル放射性廃棄物貯蔵管理センター、ガラス固化体貯蔵

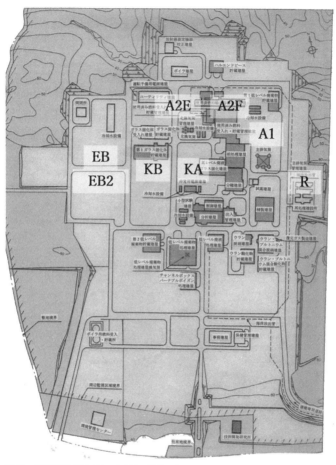

図5　再処理工場とモニタリングポスト

　建屋、シャフトモニタ（328）
EB2：高レベル放射性廃棄物貯蔵管理センター、ガラス固化体貯蔵
　　　建屋B棟、シャフトモニタ（218）
KA：再処理工場、高レベル廃液ガラス固化建屋、シャフトモニタ
　　（462）

KB：再処理工場、第一ガラス固化体貯蔵建屋、シャフトモニタ
（196）
R：再処理工場、第一放出前貯槽、排水モニタ（118）
U：ウラン濃縮工場、排気用モニタ(1)

　観測単位 cpm は、例えば、1mSv/h＝120cpm で換算する。
シャフトモニタとは、アルゴン 40 を流し、その放射化したア
ルゴン 41 を監視するモニターであり、建屋内の放射線の強度
がわかる。高レベル廃液ガラス固化建屋が最大で、462cpm で
あり、3.85 mSv/h に換算される。年間、34mSv に相当する。
要約すれば、ガラス固化工場と貯蔵所は年間 20mSv 以上、使
用済燃料受入・貯蔵施設で 6mSv、排水が 9mSv であり、周辺
では、0.011～0.015 mSv/h であり、安心できると主張している。
実際には、操業停止中であるにもかかわらず、年間 180 回以上
の放射能放出が繰り返され、年間 0.3mSv に達している。冷却
水停止時も放射能放出があり、青森県西部の深浦や岩手県釜石
にまで異常な放射能が検出された。
　2022 年 7 月 2 日 15：30～23：45、冷却水停止事故が高レベ
ル放射性廃棄物貯蔵管理センターで発生した。従業員の不注意
であったが、問題はなかったと回答された。冷却水は核反応に
より温度上昇が起こる。極めて危険な事故を防ぐために、常時、
タンクを冷却している。タンク内の放射能は、ウランとプルト
ニウムを除く核生成物の硝酸溶液が大量に貯蔵されている。硝
酸化合物は危険物である。特に、固体の硝酸塩は、常温で発火、
爆発する。しかも、放射性同位体を大量に含む、放射能である。
再処理工場の史上最大の事故は「ウラルの核惨事」である。旧
ソ連の核基地で、プルトニウム生産で、抽出後の高レベル放射
性廃棄物の貯蔵タンクで爆発事故は発生した。1 万人を超える
被曝者を生み、被爆地は廃村となった。爆発はタンク内の硝酸

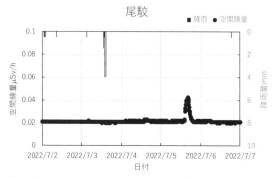

図6　2022年7月2日〜6日の六ヶ所村尾駮の環境モニタリング。

表1　7月3日〜6日の空間線量のピーク観測値

観測地点	距離km	ピーク値	バックグランド	半値幅（h）
尾　駮	4.97	0.043	0.02	180
平　沼	7.96	0.038	0.019	140
千歳平	7.98	0.037	0.022	120
吹　越	10.57	0.035	0.02	150
野辺地	23.98	0.04	0.03	110
青森市	60.61	0.035	0.025	110
外ヶ浜	77.66	0.035	0.025	110

塩の爆発で起こったとされる。冷却水の停止から惨事は発生した。今回の事故は果たして問題はなかったのであろうか。

　当時の環境モニタリングの数値を見てみると、再処理工場から東に3.8kmの距離にある六ヶ所村尾駮の観測データは図6の通りである。

　7月5日、降雨と共に、空間線量の上昇が認められた。再処理工場の運転が停止中であるにもかかわらず、明確なピークを示した。もともとの空間線量のバックグランドは0.005μSv/hであるから、0.043μSv/hというピーク値は約10倍である。

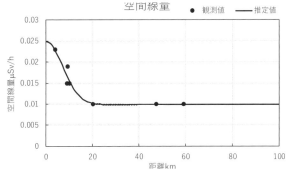

図7　空間線量の空間分布

湿性沈着により空気中の浮遊放射能が降下したためである。

　この事故は、隠された再処理工場の恐るべき危険性の一端を示した。事故時の気象状態は、晴れないし曇り、風向は西北西、平均風速は 0.5〜1.5m/s であった。ほぼ「静穏」状態であった。汚染は風向に関係なく、等方的に拡散した。

　各観測点のピーク最大値を求め、距離の関数を正規分布で回帰した（次式）。

$$D = \frac{A}{\sqrt{2\pi}\,\sigma}\, exp\!\left(-\frac{x^2}{2\sigma^2}\right)$$

　ただし、A：0.2683mSv/h、σ：6.142km、x：距離kmである。

　すなわち、再処理工場からの漏出であることを明瞭に示している。ピーク値は 0.027 μSv/h である。空間積分値は 0.134 μSv/h である。汚染の開始時刻を 7 月 3 日 15:30 として、終了時を 7 月 5 日 21：10 とすれば、2 日 5 時間 40 分間、53.7 時間汚染した。そこで、さらに時間積分し、セシウム 137 で換算して、5912 億ベクレル（16.0 キュリー）が放出された。

　隣接県まで、空間線量の分布を広げると、岩手県の海岸沿い

に汚染ピークが南下していた。ピークが確認できた地点は、青森県内では、尾駮（ピーク値0.043mSv/h）、平沼（同0.038）、千歳平（同0.037）、吹越（同0.035）、野辺地（同0.04）、外ヶ浜（同0.035）、青森市（同0.035）、泊（同0.031）、横浜町（同0.023）、老部（同0.023）、小田野沢（同0.022）、近川（同0.026）、尻労（同0.023）、弘前（同0.049）、十和田（同0.049）、八戸（同0.034）、三戸（同0.041）、三沢（同0.037）、むつ市（同0.043）、桜木町（同0.025）、古野牛川（同0.022）、砂子又（同0.029）、東北分庁舎（同0.037）、東北町役場（同0.049）であり、ピークはないが、深浦（同0.046）が最大であった。隣接県では、ピークが認められたのが、二戸（同0.037）、久慈（同0.065）、釜石（同0.073）であった。特に釜石は青森のいずれの地点よりも高かった。

「三陸の海を放射能から守る岩手の会」が、三陸沿岸の再処

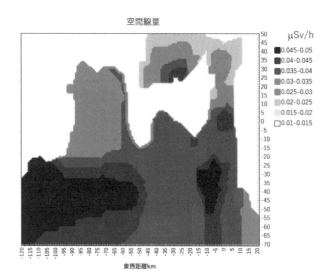

図8 2022年7月2日の冷却水停止直後の漏出放射能の空間分布。単位：mSv/h。

理工場から放出される放射性物質による海洋汚染を懸念した予想は現実になった（舩橋、長谷川、飯島、2012）。六ヶ所村から三陸に流れる沿岸流は、日常的に放出される放射能を久慈、釜石に輸送した。

12.3. 隣接県への汚染

　青森の 27 地点と隣接県のモニタリングから、再処理工場からの放射能漏出の経路を推定したのが、図 9 である。図 10 に示すように、さらに隣接県にも汚染が広がっていた。

　事故後に、離接県のモニターでバックグランドの上昇が認められた。初期の汚染の時刻と推定される放射性同位元素の流向を図 10 に示す。

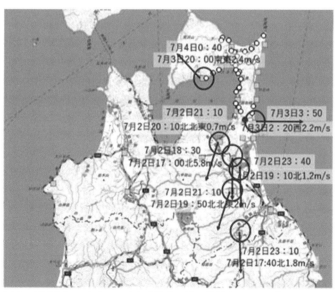

図 9　2022 年 7 月 2 日の冷却水停止に伴う放射能漏出の初期推定経路

表2　主な汚染地点の分布と初期の汚染開始時刻

地　　点	空間線量 mSv/h	汚染開始時刻	直前の風向風速
野辺地	0.04	7月2日21：10	7月2日20：10 北北東 0.7m/s
東北分庁舎	0.037	7月2日18：30	7月2日17：00 北 5.8m/s
東北町	0.049	7月2日23：40	7月2日19：10 北 1.2m/s
十和田市	0.049	7月2日21：10	7月2日19：50 北北東 2m/s
三　戸	0.041	7月2日23：10	7月2日17：40 北 1.8m/s
尾　駮	0.043	7月3日3：50	7月3日2：20 西 2.2m/s
むつ市川内庁舎	0.043	7月4日0：40	7月3日20：00 南東 2.4m/s

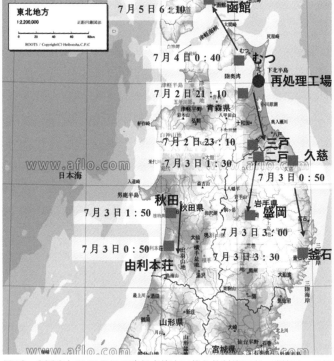

図10　2022年7月2日の冷却水停止に伴う放射能漏出、隣接県への初期経路。

表3　隣接県の空間線量の変化と時刻

地点	距離km	ピーク強度	バックグランド	初期汚染時刻	ピーク時刻
二戸	77.3	0.037	0.024	7月3日1:30	7月4日16:20
久慈	93.3	0.065	0.045	7月3日0:50	7月5日15:30
釜石	194.0	0.073	0.039	7月3日3:30	7月5日17:00
盛岡	143.9	0.049	0.018	7月3日3:00	7月5日16:20
鹿角	96.5	0.032	0.028	7月2日23:30	*
秋田	171.8	0.053	0.031	7月3日1:50	7月3日4:50
能代	137.7	0.042	0.038	7月3日3:20	*
本荘	207.1	0.043	0.035	7月3日0:50	7月4日2:30
雄勝	273.3	0.066	0.06	7月2日23:10	7月4日5:30
函館	106.8	0.031	0.026	7月3日0:40	7月5日6:10

＊鹿角と能代では降雨がなく、ピークもなかった。

　再処理工場から漏出した放射性同位体は南下し、岩手県と秋田県を汚染した。汚染は7月2日深夜より開始し、7月5日まで継続した。ピークは降雨と対応し、7月4日～5日に各地点で降雨が記録された。降雨のない地点ではピーク線量は観測されなかった。次に各地点の空間線量の変化を表3に示す。共通してバックグランドが高い。

　7月2日15：30～23：45、冷却水停止に伴う高レベル廃棄物タンクの温度上昇時に発生した放射性同位体の漏出の観測を調査した。青森県内では、7月2日17：00～7月4日0：40にバックグランドの上昇が認められた。風向と風速から再処理工場からの漏出と対応している。さらに、隣接の北海道、岩手県、秋田県のモニタリング状況も確認した。

　その結果、事故後に離接県の空間線量でも、バックグランドの上昇とピーク線量が認められた。再処理工場から漏出した放射性同位体は南下し、岩手県と秋田県を汚染した。北上

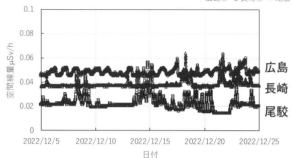

図11　青森、広島、長崎の空間線量の比較（2022年12月）

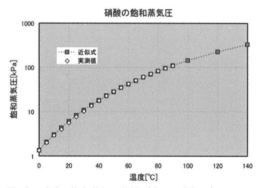

図12　硝酸の飽和蒸気圧曲線（吉田、2011）

し、函館を汚染した。汚染は7月2日深夜より開始し、7月5日まで継続した。7月4日〜5日に各地点で降雨が記録されたが、ピーク線量は降雨と対応した。降雨のない地点ではピーク線量は観測されなかった。各地点の空間線量の変化は、共通してバックグランドが高かった。

　図11に2022年の青森（尾駮）と広島、長崎の空間線量の比較を示す。3者はほぼ同様の線量であり、しかし青森は激しく

変動している。

　図12に硝酸の飽和蒸気圧曲線を示す。24度から32度に温度上昇で、蒸気圧は約2.7倍に上昇する。これに伴い、硝酸塩の蒸発が増加した。8時間15分とすれば、1時間で約1度の上昇率である。蒸発量はまた温度上昇に伴い直線的に増加し、空間線量は加速度的に増加した可能性があった。当時、操業はされておらず、放射能漏れは高レベル放射性廃棄物貯蔵管理センターのタンクからの蒸発しかない。硝酸塩の蒸発である。

　すなわち、2022年7月3日、高レベル廃棄物タンクの冷却水停止に伴い、温度上昇が起こり、硝酸塩の蒸発が開始された。汚染は7月5日21：10まで約54時間継続した。その結果、半径18kmの範囲で、バックグランドの数倍の汚染があった。温度上昇は1時間で1度の速度で進行し、それに伴い、蒸発量は温度と共に直線的に増加し、空間線量は加速度的に増加した可能性があった。放射能は少なくとも5912億ベクレル（16.0キュリー）が放出された。

　問題は、高性能フィルターは機能しているのか。もし、温度上昇が継続したら、「ウラルの核惨事」は起こったのか。硝酸塩は再処理の工程で、すべての放射性同位体が濃硝酸で溶解され、白金族とヨウ素、不活性ガスを除き、硝酸塩として生成する。硝酸塩は爆発性の物質で、ドデカンもまたニトロドデカンとして変性する。さらに、空間線量の上昇は、健康に全く影響はないのか。以下に詳述する。

参考文献
吉田一雄、再処理廃液の沸騰実験の分析、安全研究センター、2011.
舩橋晴俊、長谷川公一、飯島伸子、核燃料サイクル施設の社会学、有斐閣、2012.

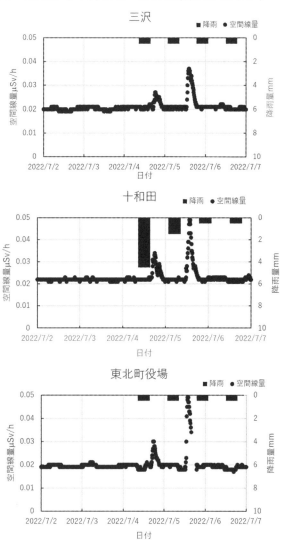

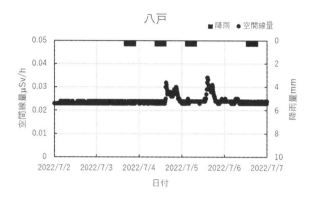

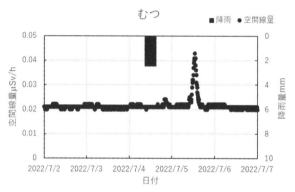

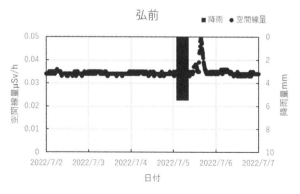

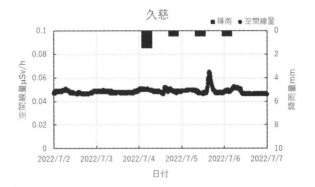

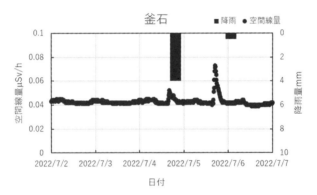

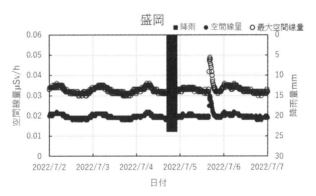

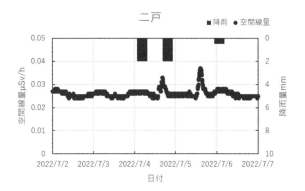

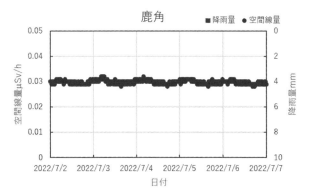

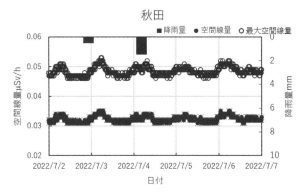

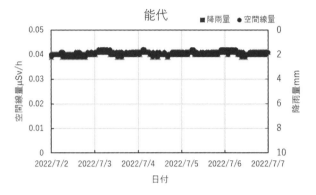

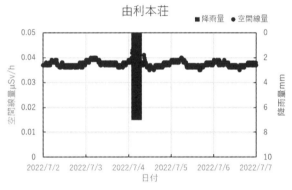

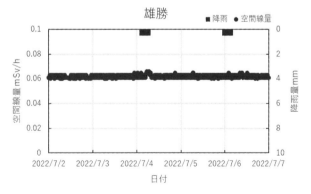

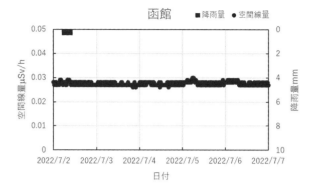

13. 環境放射能の上昇とがん死

13.1. 環境モニタリングの現況

2022年の27地点の空間線量は、現在の青森の放射能汚染を示している。操業が停止状態でも微量な放射能漏れが起こっており、年間180回を超える。再処理工場は、高レベル放射性廃棄物貯蔵管理センター、ウラン濃縮工場と共に、新全国総合開発計画（1969）のむつ小川原開発の国家石油備蓄基地（1971）に続き、1984年に発表された。1995年、ラアーグからの高レベルガラス固化体の返還に始まり、低レベル固体廃棄物処分、ウラン濃縮と稼働が開始された。しかし、2004年、ウラン試験を皮切りにトラブルが相次ぎ、現在は操業停止状態である。

原子力規制委員会による環境モニタリングが始まったのは2021年であった。操業停止中でも、施設内の環境モニタリングは25地点で、高い数値を示している。最大値は、再処理工場、高レベル廃液ガラス固化建屋である。年間20mSv超を記録している。敷地内はいずれも年間1mSvを越えている。ここで勤務すれば、年間1000人の従業員は2人死ぬことになる。既に、ウラン試験から20年近い、すなわち、40人は死んでいることになる。罹患者数は、白血病で1.4倍、悪性リンパで4.3倍である。したがって、毎年、11人が発症していることになる。20年で230人が発症したと推定できる。これは青森県六ヶ所村の従業員1000人の推定である。

青森県の自然放射能の分布を示す（産総研、2022）。過半が

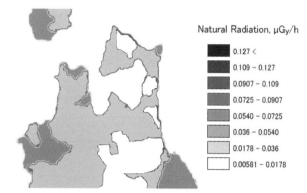

図1　青森県の自然放射能の分布（産総研、2022）

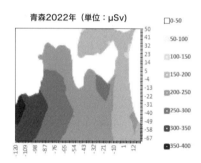

図2　青森県の環境モニタリング(2022年)

0.0178〜0.036mSv/h である（図1）。ただし、1μGy = 1μSv
である。

　環境モニタリングでは、0.005 mSv/h が最小値である。2022
年の年間値は、最大 371 mSv（深浦）、最小 130 mSv（桜木
町）、平均 194 mSv である。興味深いのは、隣接県の岩手の2
地点の年間値である。釜石 366 mSv、久慈 413 mSv を記録し
た。久慈は青森の最大値を上回った。青森のリスクを計算すれ
ば、人口 1,237,984 人に対して、年間 24 人が放射能由来のがん

死、137 人が罹患者数となる。久慈と釜石は青森を上回ることになる。

図 3〜6 に主な環境モニタリングの 2022 年の観測結果を示す。

年 180 回の放射能漏れが観測された。バックグランドの 10 倍の汚染があった。

操業停止中であるにもかかわらず、青森県内のみならず、隣接県の岩手県と秋田県にも汚染は拡がり、特に、久慈市、釜石

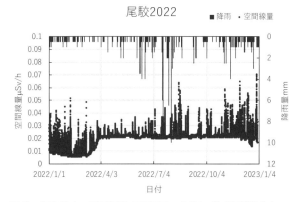

図 3　青森県六ヶ所村尾駮の環境モニタリング（2022 年）

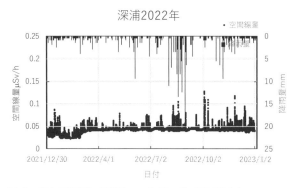

図 4　青森県深浦町の環境モニタリング（2022 年）

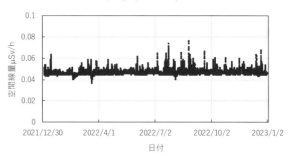

図5　岩手県久慈市の環境モニタリング（2022年）

図6　岩手県釜石市の環境モニタリング（2022年）

市は最大値を記録した。汚染の開始は、1995年4月のフラン
スのラアーグからの高レベルガラス固化体返還に始まり、低レ
ベル固体廃棄物の処分、ウラン濃縮と継続している。すなわち、
環境放射能の上昇は1995年に始まった。

　2022年の青森県の環境モニタリングは、最大371 mSv（深
浦）を記録し、岩手県でも413 mSv（久慈）を記録した。再処
理工場内でも高レベル放射性廃棄物貯蔵管理センターが年間

20mSv を越えており、無視できない汚染状況が進行している。

参考文献

舩橋晴俊・長谷川公一・飯島伸子、核燃料サイクル施設の社会学、有斐閣、
　2012.
舘野淳、廃炉時代が始まった、リーダーズノート、2011.
産総研、日本の自然放射線量、2022.
https://gbank.gsj.jp/geochemmap/setumei/radiation/setumei-radiation.
　htm

13.2. 白血病と悪性リンパの増加

　1993 年、六ヶ所村では核燃料サイクルの核コンビナートの
建設が開始された。1995 年にラアーグから高レベルガラス固
化体の返還が始まった。低レベル固体廃棄物の処分、ウラン
濃縮も続いた。2002 年、化学試験開始。2004 年、ウラン試験
開始。2005 年、東通原発稼働。2006 年、アクティブ試験実施。
操業はされていないが、青森県の環境放射能は、自然放射能の
バックグランドの 10 倍もの放射能漏洩を窺わせる線量の上昇
が認められる。年 180 回のピーク流出が 2022 年、発生している。
原子力産業と住民・労働者のがん死は明白な因果関係がある。

　がん死の統計はがん研により毎年発表されている。福島、広
島、長崎の被爆地では明瞭ながん死の出現がある。青森県のが
ん死は都道府県別では常に最下位であった。1995 年からの原
子力由来のがん死は、白血病と悪性リンパ腫の統計から認める
ことができる。図 1 に青森県の白血病と悪性リンパ腫のがん死
の都道府県ランキング（1995～2020）を示す。

　白血病は、3 位（2000 年）、4 位（2001 年）、2 位（2005 年）、3
位（2017 年）となり、順位の頻度では広島、長崎の中間である。
悪性リンパ腫は、4 位（1997 年）、5 位（2002 年）、5 位（2007 年）、
4 位（2018 年）となり、広島、長崎に次いでいる。子宮がんも

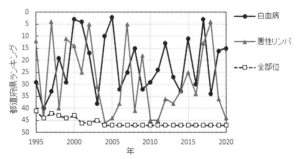

白血病・悪性リンパ腫（青森県）

図1　青森県の白血病と悪性リンパ腫のがん死の都道府県ランキング（1995〜2020）

非常に高いランキングを示している。特に、化学試験（2002年）、ウラン試験（2004年）、東通原発稼働（2005年）、アクティブ試験（2006年）との関係を示唆している。

　2022年の青森県内の環境モニタリングでは、130〜371μSvを示し、平均194μSvである。日本原燃の宣伝では、年間0.022mSvといわれていたが、実際には平均、その10倍、深浦では17倍の空間線量である。青森県は、がん死の都道府県のランキングで46、47位であった。現実には、白血病と悪性リンパ腫では2〜5位を記録している。施設内のモニタリングでは、高レベル廃液ガラス固化建屋で年間20mSvを越えている。青森県内では例外なく、高線量に変化し、文字通り、被爆地になってしまった。さらに、離接する岩手県の久慈、釜石はそれ以上の空間線量を示している。汚染は岩手県、秋田県にまで広がっているのである。

参考文献

山田清彦、再処理工場と放射能被曝、創史社、2008.

付録 1 　環境モニタリング（2022）

地点	距離km	方位	最大値 μSv/h	最小値 μSv/h	累積値 μSv
尾 駮	3.76	85.42	0.071	0.006	173.59
千歳平	9.04	202.16	0.067	0.007	182.21
平 沼	9.27	160.35	0.066	0.008	168.32
吹 越	9.93	317.50	0.073	0.006	176.19
野辺地	20.14	237.37	0.075	0.021	267.70
青森市	47.33	252.01	0.072	0.012	219.92
外ヶ浜	59.06	278.98	0.085	0.009	220.16
横 浜	14.96	333.72	0.054	0.016	177.16
泊	14.67	20.14	0.073	0.005	167.46
老 部	22.21	12.72	0.06	0.006	130.35
近 川	26.51	351.30	0.065	0.007	168.89
小田野沢	30.09	11.37	0.069	0.008	144.41
砂子又	35.47	0.48	0.073	0.011	174.19
古野牛川	43.94	2.72	0.072	0.01	162.07
尻 労	46.51	12.27	0.073	0.01	166.97
桜木町	36.40	333.76	0.07	0.005	130.29
関 根	45.30	347.08	0.065	0.014	182.45
む つ	37.84	313.43	0.073	0.013	187.54
五所川原	76.55	257.28	0.069	0.013	264.97
弘 前	83.08	241.45	0.062	0.02	283.84
東北分庁舎	22.42	204.11	0.079	0.012	170.19
東北町役場	26.70	192.56	0.08	0.013	171.34
三 沢	31.53	173.27	0.062	0.012	177.65
十和田	40.23	194.61	0.064	0.014	191.87
八 戸	51.98	164.64	0.052	0.019	229.74
三 戸	63.88	184.60	0.05	0.016	190.16
深 浦	122.93	253.90	0.128	0.023	371.18
久 慈	93.35	156.56	0.077	0.037	413.36
釜 石	194.03	166.66	0.107	0.033	365.71

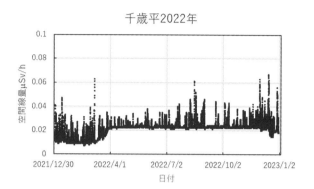

千歳平2022年

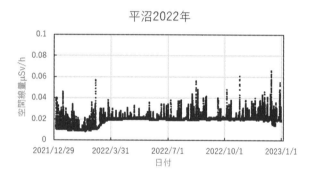

平沼2022年

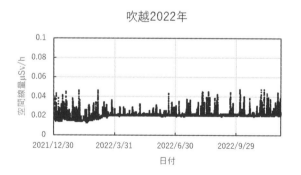

吹越2022年

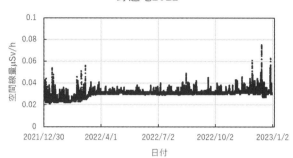

野辺地2022

青森市2022年

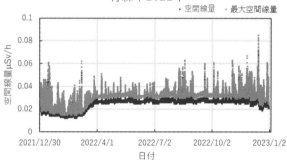

外ヶ浜2022年

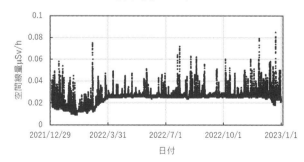

横浜町2022年

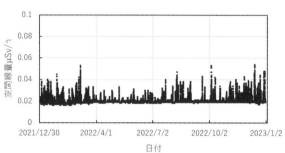

泊2022年

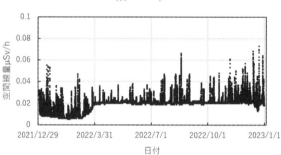

老部2022年

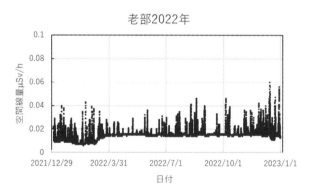

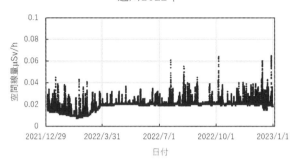

近川2022年

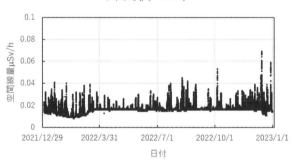

小田野沢2022年

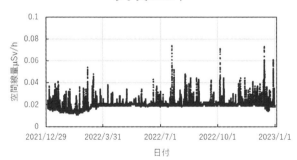

砂子又2022年

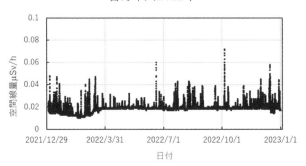

古野牛川2022年

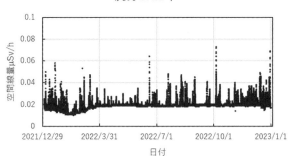

尻労2022年

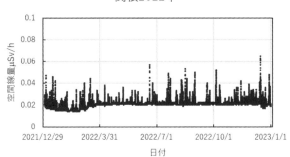

関根2022年

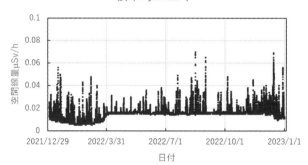

桜木町2022年

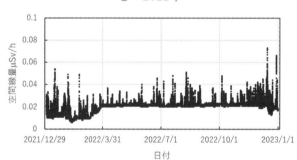

むつ2022年

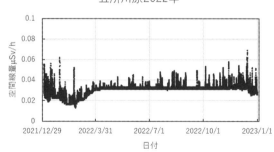

五所川原2022年

13. 環境放射能の上昇とがん死　221

弘前2022年

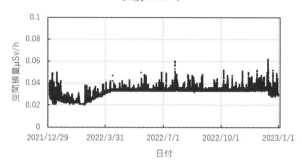

東北分庁舎2022年

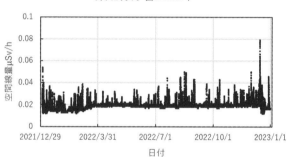

東北町役場2022年

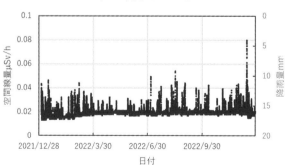

三沢2022年

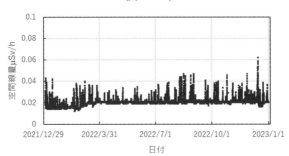

十和田2022年

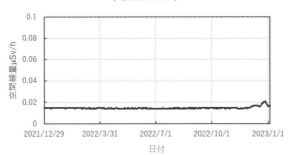

八戸2022年

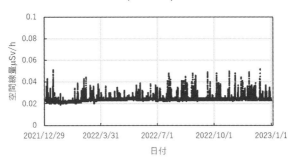

三戸2022年

14. 青森県の地震と地下水汚染

14.1. 青森県の近年の主な地震

　六ヶ所村再処理工場の設計震度は水平加速度375ガルである。原子力基本法（1955）では、施設により、S、A、B、Cと分類されており、Sランクを400ガル（水平震度）で設計する。A：250ガル、B：120ガル、C：50ガルと水平設計震度が下がっていく。垂直震度はその半分で設計する。Sは最重要構造物、A：重要構造物、B：仮設構造物、道路、港湾となる。いずれも、関東地震の際、東京山の手：300ガル、下町：350ガル、横浜：400ガル（推定）をもとにしている。建築基準法では300ガル、建物重量の0.3倍の水平荷重とされた。タンクは同様に、消防法により、基盤面で150ガル、地表面で、その応答倍率で換算した震度で設計することになった。軟弱地盤では応答倍率は1.6倍となり、水平震度は240ガルとなる。Sランクは、原子炉本体と管理棟が該当する。

　再処理工場は、1285基の塔槽類で構成され、うち1146基が槽類である。槽類、すなわち、タンクは内容物が危険物の場合、消防法で規定される。軟弱地盤では水平震度240ガル、垂直震度120ガルが適用される。搭類は、放射性同位体を扱うので、原子力基本法の最重要構造物に該当する。すなわち、Sランクの400ガルで設計される。槽類のうち、放射性同位体を貯蔵するタンクは、付属の配管を含め、Sランクの400ガルで設計される。

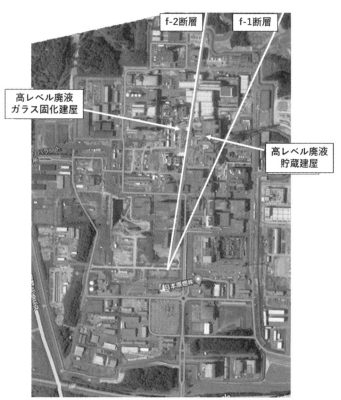

図1　再処理工場内の2本の断層と高レベル廃液貯蔵・ガラス固化建屋

　したがって、375 ガルで設計される現在の再処理工場は、原子力基本法（1955）に規定された設計震度 400 ガルより低くされている。消防法もまた建築基準法の 300 ガルよりも低く設定されている。建築基準法に採用された震度は、東京山の手の最大水平震度であった。大火災を起こした横浜、横須賀のタンク群は、400 ガルで全焼したのである。既往最大なら、400 ガルとしなければならなかった。このように、各法令や日本工業規

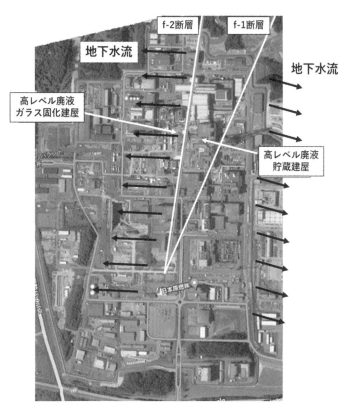

図2　2本の断層による地下水流の分岐

格の規制にすべて整合させて、プラント設計はなされる。

　青森の主な地震を調べると、マグニチュード5〜9までの地震で37の記録がある。八戸の記録では、津波、地割れ、建物倒壊、死傷者の被害が出ている。十勝沖地震が2度あり、震度5〜6であった（1968、2003）。六ヶ所村の記録はわずかに1度、震度4であった（1978）。新耐震基準（1981）では、震度5：80〜250ガル、震度6：250〜400ガルである。再現期間は、震度

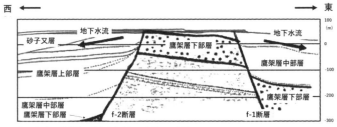

図3　2本の断層の断面と地下水流の分岐

5で7.4年、震度6で33.5年である。

　国家石油備蓄基地（1979年設立）は今のところ、地震による被害は不等沈下にとどまっている。再処理工場の危険性は、敷地内の2本の断層上にある高レベル廃液貯蔵・ガラス固化建屋である。

14.2. 地下水汚染と陸奥湾への影響

　再処理工場敷地内には2本の断層、f-1, f-2が走っている。断層は地下に走り、浅層地下水の分岐が生じている。すなわち、地下水は東西に分岐し、太平洋と陸奥湾に分岐している。空間線量は高く、表層土壌は汚染されている。地下水は表層土壌を浸透した汚染水が混入し、汚染水として、東西の水域、太平洋と陸奥湾に流出する。

　これらの地下水汚染は全く考慮されてない。地下水は確実にトリチウムによる汚染が進行する。

　再処理工場の中心から2kmの位置に穴沢、5kmの位置に二又の深井戸があり、上水道に使用されている。これらの地下水の汚染が深刻な問題を引き起こすであろう。

付録 1　青森県の近年の主な地震

年	マグニチュード	被害状況
1667	6.0~6.4	八戸、市中の建物損傷
1674	6.0	八戸、城内・諸士屋敷・町屋に破損
1677	7.9	八戸、家屋破損、津波。
1694	7.0	弘前でも被害。
1704	7.0	弘前で城、民家に被害。
1712	5~5.5	八戸、御屋舗破損。
1763	7.4	八戸、寺院・民家が破損。
1763	7.3	宝暦の八戸沖地震。震度5。建物の被害多かった。
1766	7.25	弘前城破損。地割れ。圧死1000。焼死300。
1768	-	八戸、家屋・塀の被害。
1769	-	八戸、破損。南宗寺で御霊屋破損。大橋落橋。
1793	6.9~7.1	潰家154。死12。12km沿岸隆起。小津波。
1832	6.5	八戸、土蔵の破損。南宗寺、本寿寺の石碑破損。
1848	6.0	弘前、城内・城下で被害。潰家あり。
1854	6.5	八戸で被害。地割れあり。
1856	7.5	安政の八戸沖地震。津波、余震多し。
1858	7.3	八戸、土蔵・堤水門・橋破損。
1858	6.0	米蔵つぶれる。道路に亀裂。
1901	7.2	青森県東方沖。死傷18、木造潰家8。小津波。
1901	7.4	青森県東方沖。
1902	7.0	八戸、倒壊家屋3、死1。
1907	6.7	青森県東方沖。八戸で7回微震。
1912	6.6	青森県東方沖。土蔵壁に亀裂。
1931	7.6	青森県東方沖。八戸、壁の剥落。煉瓦煙突折損。震度4。
1945	7.1	青森県東方沖。八戸微小被害。津波。震度5。
1951	6.6	青森県北東沖。八戸壁亀裂。煉瓦煙突破壊。停電。震度4。
1968	7.9	青森県東方沖。十勝沖地震。震度5。津波。死52。

1974	5.6	岩手県北岸。八戸、1000戸停電。田の土砂崩れ。震度4。
1978	5.8	六ヶ所村、モルタル壁、ガラス、ブロック破損。震度4。
1982	7.1	浦河沖地震。小津波。震度4。
1983	7.7	日本海中部地震。震度5。
1993	7.5	釧路沖地震。震度6。
1994	7.6	三陸はるか沖地震。震度6。
2003	8.0	十勝沖地震。震度5弱。
2008	7.2	岩手・宮城内陸地震。震度5弱。
2011	9.0	東北地方太平洋地震。震度5強。
2012	7.3	青森県東方沖。震度5強。

再現期間は、震度5以上は7.4年、震度6以上は33.5年である（1945～2012）。

むつ小川原国家石油備蓄基地は、1979年12月20日設立。

参考文献

宇佐美龍夫、日本被害地震総覧、東京大学出版会、1987.

国立天文台、理科年表、2022。

青森県防災会議、青森県地域防災計画資料編、2018。

あとがき

　1981年春、青森六ヶ所村を訪ねた。当時、日本最大の石油備蓄基地の建設が予定されていた。1970年代のドルショック、オイルショックに対応して、石油備蓄計画が提案された。全国に77ヵ所の候補地点が計上され、一斉に建設計画が動き出した。うち、14の地点で反対運動が始まった。その時期に、1974年12月18日午後8時40分、岡山県倉敷市の水島コンビナートにある三菱石油水島製油所の270号タンクからC重油が流出。タンク横に取り付けられていた直立階段と底板付近の基礎コンクリートを押し流し、一部は防油堤を乗り越えて海上に流出した。流出した重油は、約7500〜9500キロリットルと推定された。西は、笠岡市沖、東は紀伊水道にも及び、岡山、香川、徳島、兵庫の4県の海岸を汚染し漁業などに莫大な被害を与えた。瀬戸内海のほぼ東半分を油の海にした重油流出事故は、コンビナート災害の恐ろしさをまざまざと見せつけた。この事故を契機に、反対運動が激しく、全国で組織化され、漁民、農民を中心に地区労などの支援と学生運動の参加で、運動の中で裁判が提起された。

　青森では、1978年当時、反対運動のリーダーである寺下力三郎氏が、条件付き賛成派に回ってしまい、運動の代表である吉田毅氏が除名され、さらに村議選にも敗北するに至った。視察した1981年は、まさにどん底の状態にあった。現地には、田尻宗昭氏とともに、浅石紘爾弁護士の案内で視察した。肌寒い「山瀬」が吹き、運動の絶望感とともに、前途は悲観する

状況であった。しかし、あれから、41年の月日がたち、依然、浅石紘爾弁護士と吉田毅氏とで、難解極まりない再処理工場の裁判が継続している。

　50年前、沖縄は復帰目前で、石油基地の建設計画書が申請された。漁業権放棄が未熟で、違法な申請であった。当時、学生であった著者の前に、先の見えない底知れぬ裁判が提起され、裁判の鑑定の仕事に付き合うことになった。裁判は、水上学弁護士と、司法試験を免除された2人の沖縄の弁護士、池宮城紀夫、照屋寛徳両弁護士とで行われることになった。水上弁護士は中央大学法学部卒で、浅石紘爾弁護士の1年下であり、照屋寛徳弁護士は、裁判に未経験で、後に国会議員になる、サイパン島収容所出身の「奇跡の人」であった。水上弁護士は東大安田講堂事件で、山本義隆被告ほかの弁護士でもあった。水上弁護士は同裁判で山本被告の退廷命令に抗議して、退廷、留置所に拘留され、懲戒処分の申請がなされた時期であった。1979年、裁判は敗訴した。

　いまから10年前、吉田毅氏から突然、打診があった。再処理工場の有機溶媒の事故についての鑑定依頼であった。通常の裁判では、鑑定は決定的であり、民事、刑事問わず、9割は勝訴する。しかし、エネルギー関連の国策ではそうした傾向は認められない。鑑定の方針は、あくまでも、国家備蓄基地からみた再処理工場の危険性である。3本の鑑定書が2014年〜2015年に執筆され、提出された。さらに、被告の反論に対して、2本の鑑定書が2022年に執筆され、提出された。合計5本の鑑定書をもとに、本書はまとめられた。国家備蓄基地の火災を中心に、再処理工場の危険性を取り上げた。再処理工場の85％の施設がタンク群である。タンクの中にはドデカンという石油類と硝酸が貯蔵されており、ほとんどが硝酸で総量6169㎥で

ある。高レベル廃棄物は総量835㎥である。再処理工場の危険性は、この硝酸タンクと高レベル廃棄物に集約される。ウラルの核惨事で、爆発したのも高レベル廃棄物の硝酸溶液である。硝酸溶液は、常温で爆発を起こすのである。

　また、過去の広島の原爆、チェルノブリ原発の爆発事故、福島原発の爆発事故も「粒子モデル」で検証した。いずれも乾性沈着と湿性沈着で深刻な放射能汚染をしたが、大きな違いは、原爆とチェルノブイリでは、気象に多大な影響を与え、不連続線（寒冷前線）の前縁で短時間の豪雨をもたらせた。すなわち、両災害では、局地的低気圧が生成され、雷雨が1時間の間、継続し、激しい降雨をもたらせたことである。黒い雨の正体である。

　2014年〜2015年の鑑定は長崎大学の時代に執筆されたが、2018年、退職後は空間技術研究所を設立し、執筆した。今回、出版に当たり、緑風出版の高須次郎氏にお世話になった。改めて感謝したい。本書は50年にわたり、裁判所に提出された著者の鑑定の集大成ともいえる。

[著者略歴]

小川進（おがわ　すすむ）

空間技術研究所所長、長崎大学大学院元教授（工学博士、農学博士）
主な著書：『LNG の恐怖』（亜紀書房、共訳）、『LPG 大災害』（技
術と人間、共著）、『都市域の雨水流出とその抑制』（鹿島出版会、
共著）、『阪神大震災が問う現代技術』（技術と人間、共著）、『防犯
カメラによる冤罪』、『放射能汚染の拡散と隠蔽』、『福島原発事故
の謎を解く』、『AI 裁判』（以上、緑風出版）。学術論文 349 編。

核問題の隠された真実

ヒロシマから六ヶ所まで

2023 年 9 月 30 日　初版第 1 刷発行 　　　　　　　定価 2,400 円＋税

編　者　小川　進Ⓒ

発行者　高須次郎

発行所　緑風出版

　〒 113-0033　東京都文京区本郷 2-17-5　ツイン壱岐坂

　［電話］03-3812-9420　　［FAX］03-3812-7262［郵便振替］00100-9-30776

　［E-mail］info@ryokufu.com［URL］http://www.ryokufu.com/

装　幀　斎藤あかね

制　作　アイメディア　　　　印　刷　中央精版印刷

製　本　中央精版印刷　　　　用　紙　中央精版印刷　　　　　　　　E1200

◎緑風出版の本

■全国どの書店でもご購入いただけます。
■店頭にない場合は、なるべく書店を通じてご注文ください。
■表示価格には消費税が加算されます。

放射能汚染の拡散と隠蔽

小川進・有賀訓・桐島瞬著

四六判並製
292頁
1900円

フクシマ第一原発は未だアンダーコントロールになっていない。放射能汚染は現在も拡散中である。週刊プレイボーイ編集部が携帯放射能測定器をもって続けている現地測定と東京の定点観測は汚染の深刻さを証明している。

防犯カメラによる冤罪

小川進著

四六判並製
132頁
1600円

防犯カメラによる刑事事件の証拠が増加。いまや、DNAと並び、二つの決定的な証拠として、被告を次々に有罪としている。画像が読み解く真実をテーマに、特に刑事事件での冤罪を取り上げ、原因と機構を明確にする。

原発に抗う

『プロメテウスの罠』で問うたこと

本田雅和著

四六判上製
232頁
2000円

「津波犠牲者」と呼ばれる死者たちは、今も福島の土の中に埋もれている。原発的なるものが、いかに故郷を奪い、人間を奪っていったか……。五年を経て、何も解決していない現実。フクシマにいた記者が見た現場からの報告。

フクシマの荒廃

フランス人特派員が見た原発棄民たち

アルノー・ヴォレラン著／神尾賢二訳

四六判上製
222頁
2200円

フクシマ事故後の処理にあたる作業員たちは、多くを語らない。「リベラシオン」の特派員である著者が、彼ら名も無き人たち、残された棄民たち、事故に関わった原子力村の面々までを取材し、纏めた迫真のルポルタージュ。